아이의 말문을 여는
엄마의 질문

말 쫌 통하는 엄마

아이의 말문을 여는
엄마의 질문

말 쫌 통하는 엄마

아마노 히카리 지음 • 시오미 도시유키 감수 • 이정환 옮김

나무생각

엄마,

있잖아요….

아이는 세상에서 엄마를
가장 좋아한다.

단 한 사람,
엄마에게 인정을 받고 싶어 하고,
이해해주기를 바라고,
말을 들어주기를 바라고,
많은 이야기를 하고 싶어
가슴이 설렌다.

어린 시절 좋아하는 상대에게
'좋아한다'는 말을 전할 수 없어
심술궂은 행동을 한 적이 한 번이라도 있었다면
지금 아이의 마음을 이해할 수 있을 것이다.

아이는 정말 좋아하는 엄마에게
자신의 마음을 전하고 싶지만
그 방법을 모른다.

그렇기 때문에 엄마가
잘 들어주어야 한다.
잘 말해주어야 한다.

아이의 말을
있는 그대로 받아줄 수 있는 사람은
엄마, 단 한 사람뿐이다.

차례

3장
센스 있는 엄마의 상황별 대화 비결 - 실천편

들어가며

엄마, 아빠가 아이에게 자주 하는 질문이 있다.
"유치원은 재미있니?"
"친구와 잘 지내고 있어?"
"괴롭히는 아이는 없니?"
"왜 화가 난 거야?"

하지만 아이의 대답은 아주 짧다.
"그저 그래."
"모르겠어."

우리 아이는 내가 없는 곳에서 대체 어떤 행동을 할까? 내 아이인데도 진심을 도무지 알 수 없다. 이런 복잡한 감정을 느끼면서 아이와의 대화에 자신감을 잃어가고 있지는 않은가? 그래서 아이와의 대화에는 '비결'이 필요하다. '애정'만으로는 부족하다.

하지만 생각해보자. 부모들이라고 제대로 말하는 방법,

듣는 방법을 배울 기회가 있었을까? 아이와 말이 통하는 부모가 되고 싶어도 힘든 이유가 이것이다. 따라서 이 책에서는 아이가 부모의 말에 귀를 기울이고 스스로 이야기하게 만드는 대화의 비결을 소개할 예정이다.

방송국 아나운서 출신인 나는 '말하기', '전달하기', '듣기'의 화법을 오래 공부해왔다. 무엇보다 일반인부터 전문가, 예능인, 아이들, 노인에 이르기까지 다양한 사람들과 대화를 하고 상담을 하는 일을 생업으로 삼고 살아오면서 커뮤니케이션 능력을 단련해왔다.

결혼과 출산을 계기로 프리랜서 아나운서로 전환한 뒤에는 일과 육아 양쪽을 담당해야 하는 상황에 놓였다. 처음에는 정말 힘들었다. 이렇게 귀여운 내 아이를 왜 다른 사람에게 맡겨놓고 일을 나가야 하는지…. 소리 내어 울고 싶었던 적도 있다.

반대 상황도 있다. 좀 더 일을 하고 싶은데, 일을 서둘러 끝내고 보육원으로 아이를 데리러 가야 한다. 일과 육아, 양쪽 모두 어정쩡한 느낌이 들어서 그렇게 좋아하는 아나운서 일을 그만둘까 생각했을 정도다.

그런 상황에서 NHK의 〈무럭무럭 육아〉라는 프로그램 캐스터로 발탁되었고, 전문가들을 모시고 프로그램을 진행하면서 육아의 세계에 점차 빠져들었다.

각 전문가들로부터 아이의 두뇌와 심리 발달, 언어 습득, 영양과 수면의 메커니즘, 골격, 치아, 시각, 청각, 미각, 후각, 촉각 등이 어떤 식으로 성장하는지를 배우고 그것을 나의 육아에 적용했다. 그랬더니 그때까지 답을 찾지 못했던 불안감이 단번에 해소되었다!

나는 아이들과 함께 있는 시간은 그 양이 아니라 함께 무엇을 하며 보내는가 하는 질적인 부분이 중요하다는 사실을 깨달았다. 나아가 지식을 갖추고 육아를 하는 것과 아무것도 모르는 상태에서 육아를 하는 것에는 큰 차이가 있다는 것도 알게 되었다.

육아 때문에 악전고투하는 어머니들을 보고 있으면 안타까운 마음이 들었다. 아무런 무기도 없이 전쟁터에 나간 것과 마찬가지기 때문이다.

그래서 아나운서 경험과 수많은 부모들과의 상담을 바탕으로 부모와 자녀의 커뮤니케이션을 도울 수 있는 NPO 법인 '부모와 자녀의 커뮤니케이션 연구실'을 동료들과 함께 설립했고, 지금까지 2만 명 이상의 부모와 아이들을 만나 상담과 다양한 프로그램을 진행했다.

그중에서 꽤 인기가 좋았던 것이 '부모와 자녀의 대화 강좌'다. 매회 수많은 사람들이 참가해주었다. 내가 아이들의 마음이나 진심을 대변하면, 자신을 돌아보고 눈물을 흘리는 부모도 많았다. 아마 그때까지 혼자 고민을 끌어안은 채 스스로를 책망하고 있었을 것이다.

육아를 힘들어하는 부모들이여,
이제 더 이상 고민은 하지 말자.
맞벌이를 하기 때문에
아이와 대화를 나눌 시간이 부족하다는 한탄도,
'정말 이대로 괜찮을까?' 하는 불안감도,
'그때 이렇게 해야 했어!'라는 후회도
오늘로 끝이다.
아이들과 대화를 나누는 약간의 비결을 터득한다면,
당신도 육아를 즐길 수 있을 것이다!

1장

아이와 대화하기 전에 미리 알아두어야 할 것

- 기본편 -

10세까지의 부모와 자녀의 대화가 인생을 결정한다

아이의 자기 긍정 의식을
어떻게 키워줄 수 있을까?

우선 부모의 역할이 무엇인지 생각해보자. 눈을 감고 집중해서 어떤 부분에 육아의 초점을 맞추고 있는지 한번 떠올려보자.

- 부모의 말을 잘 듣는 아이로 키우는 것
- 자신의 일을 알아서 잘할 수 있도록 키우는 것
- 잘못을 지적하고 정답을 가르쳐주는 것

머리에 떠오른 것이 이런 내용들이라면 유감스럽지만 커다란 착각을 하고 있는 것이다. 우선 그런 생각들을 머릿속에서 싹 지워버리자.

부모의 가장 중요한 역할은 '자녀의 자기 긍정 의식을 키워주는 것'이다.

수많은 육아 서적에서도 이야기하고 있기 때문에 "그런 내용은 이미 다 알고 있다."라고 말할지 모른다. 하지만 '자기 긍정 의식'의 의미를 올바르게 이해하고 있을까?

자기 긍정 의식이란 자신에 대한 강한 믿음이다.
이를테면, 이렇게 생각하는 것이다.

"나는 나니까 괜찮아. 나는 나니까 만족해."
"나는 필요한 존재야. 나는 사랑받고 있어."
"나는 내가 좋아. 나는 나를 정말 사랑해."

자기 긍정 의식이 육성되면 어떤 것들이 가능해질까?

- 하고 싶은 일을 도전해서 배울 수 있다.
- 장벽을 뛰어넘을 수 있다.
- 상대의 기분이나 입장을 생각할 수 있다.

그렇기 때문에 더더욱 중요하다. 자기 긍정 의식이라는 말을 들으면 이 세상에 존재하지 않는 추상적인 개념처럼 여겨질 수 있지만, 실제로 존재한다. 그것도 우리 아이의 두뇌 안에! 좀 더 자세히 설명해보자면 이렇다.

① 호흡, 수면을 통해 건강 유지의 역할을 하는 뇌간
② 마음을 관리하고 감정을 육성하는 대뇌변연계
③ 생각, 기억 등 고차원적 기능을 담당하는 대뇌(피질)

세 가지 중에서 ①, ②의 기능을 갖추는 과정을 통해 아이의 자기 긍정 의식이 육성된다. 하지만 대부분의 부모들이 이 두 가지 과정을 건너뛰고 1+1=2를 가르치거나 영어 발음이나 사회 규칙을 가르치기 위해 ③에만 집중을 한다. ③은 ①과 ②를 갖추어야 비로소 힘을 발휘할 수 있다.

다시 말하면, 순서가 중요하다.

첫째, 생활 리듬을 갖추어 신체를 건강하게 육성하고, 둘째, 부모에게 인정을 받고 사랑을 받고 있다는 느낌을 통해서 마음을 육성한다. 이것이 자기 긍정 의식을 키우는 기본이다.

나는 강연에서 자기 긍정 의식을 육성하는 것을 '그릇을 키운다'고 표현하고 있다. 아이가 자라면서 갖추어야 할 지식이나 정보, 사회 규칙, 다른 사람들과의 커뮤니케이션을 '물'이라고 한다면 그것을 담는 '그릇'은 크고 깊고 단단해야 하기 때문이다.

상대가 화를 내거나 실패를 했을 경우에 즉시 금이 가버리는 그릇이나, 적은 양의 물로 금세 가득 차버리는 작은 그릇으로 만들어서는 안 된다. 부모가 해야 할 일은 이 그릇(자기 긍정 의식)을 최대한 크게 만드는 것이다.

하지만 대부분의 부모들이 자녀의 그릇을 크게 만들기 전에 물(지식, 정보, 사회 규칙)을 담아주는 데에만 열성을 보인다. 영양가 높은 물, 유명한 물, 모두에게 칭찬받을 수 있는 물을 길어와 아직 제대로 완성되지도 않은 그릇에 담는다. 하지만 그릇이 작기 때문에 당연히 넘칠 수밖에 없다. 그런데도 다시 퍼 담고, 또 넘치고…. 이런 식으로 반복되는 과정에서 부모가 먼저 지친다. 힘들여 퍼 담은 물이 저장되지 않고 넘칠 때마다 초조해서 견디지 못하는 것이다. 그래서 "도대체 몇 번을 말해야 알아들어?" 하고 되려 아이를 꾸짖는다.

하지만 아이가 스스로 물을 찾고 스스로 퍼 담아 스스로 머릿속에 저장하지 않으면 그것을 제대로 사용할 수 없다. 그렇기 때문에 부모가 해야 할 일은 물을 퍼 담아주는 것이 아니라 그릇을 키워주는 것이다.

아이의 자기 긍정 의식을 단련하는 방법은 단 한 가지, '부모의 말'이다.

부모가 아이에게 건네는 말에 의해 자기 긍정 의식이 육성된다. 아이 스스로 갖출 수 있는 것이 아니다. 아이에게는 무한대의 가능성이 갖추어져 있을 뿐이다.

아이는 가장 가까운 존재인 부모의 말에 의해 장점이든

단점이든 그 자체로 인정받고 있다, 그 자체로 사랑받고 있다는 실감을 할 수 있어야 한다. 그래야 "나는 나니까 괜찮아. 나는 나니까 만족해."라고 인정하고 수용하는 과정을 통하여 자기 긍정 의식(그릇)이 성장한다.

단, 열 살까지 그릇을 키워야 한다는 것이 포인트다. 그 이후에는 그릇의 성장이 느슨해지기 때문이다.

인정하는 말이 아이의 그릇을 키운다

자기도 모르는 사이에
아이를 부정하고 있지는 않은가?

그렇다면 자기 긍정 의식을 육성하는 말은 무엇일까?

"빨리 일어나."
"음식 남기면 안 돼."
"뛰어다니지 마."
"'감사합니다.'라고 해야지."

이런 말들은 모두 잘못된 표현이다. 지시나 금지에 해당하는 표현은 자기 긍정 의식의 성장을 방해하는 대표적인 말들이기 때문이다.

자기 긍정 의식을 육성하는 말은 '아이를 무조건 인정해주는 말'이다.

부모 입장에서는 받아들이기 어려운 말일 수도 있다. 강연을 하면 "제멋대로 행동하는 것도 다 받아주고 있는데, 더 이상 뭘 어떻게 인정하라는 건가요?"라고 어이없는 표정을 지어보이는 부모도 더러 있다.

하지만 자세히 보면 대개의 부모들이 아이를 인정하지 않고 부정하는 말을 자주 사용한다. 예를 들어 그림을 그릴 때 하늘을 파란색이 아니라 녹색으로 그린 아이에게 부모는 "하늘은 녹색이 아니지. 파란색이잖아."라고 말한다.

또 공원에서 모두가 재미있게 뛰놀고 있는데 혼자 줄곧 개미만 지켜보고 있는 아이에게 "그렇게 혼자 있지 말고 친구들하고 재미있게 노는 쪽이 더 즐겁지 않겠니?"라고 말한다.

그리고 여자아이들하고만 주로 노는 남자아이에게는 "너는 남자니까 남자 친구들하고 놀아야지."라고 말한다.

"그렇게 하지 말고 이렇게 해야지."

"그건 잘못된 거야."

"왜 그런 행동을 하니?"

이렇게 가르친다는 생각으로 아이를 부정하는 말을 수시로 사용하고 있는 것이다.

하늘을 녹색으로 칠한 아이를 있는 그대로 인정해주자.

혼자 개미에 집중하는 아이를 있는 그대로 인정해주자.

여자아이들하고만 주로 노는 남자아이를 있는 그대로 인정해주자.

우선 평소에 아이가 하는 행동, 하는 말을 부정하지 않고 있는 그대로 받아들이는 것이 대화의 출발점이다. 그것이 아이를 인정하는 말, 아이의 그릇을 키우는 원천으로 이어진다.

우리의 아이들은 자신감이 부족하다

자기주장을 하지 못하게 가로막고 있지 않나?

자기 긍정 의식에 관한 이야기를 좀 더 해보자.

"나는 나니까 괜찮아. 나는 나니까 만족해."
"나는 필요한 존재야. 나는 사랑받고 있어."
"나는 내가 좋아. 나는 나를 정말 사랑해."

앞에서도 말했듯 자기 긍정 의식이란 자기 자신에 대한 믿음, 만족감이라고 말할 수 있다.

일본은 다른 나라에 비하여 자기 긍정 의식이 압도적으로 낮은 편이다.

뒤쪽에 나오는 표를 자세히 보면, 자기 자신에게 만족하는 청년은 일본이 50%에도 미치지 못하는 데 비하여 다른 나라는 70% 이상이다. 유럽과 영미권은 80%를 넘는 수치다.

겸허함을 중시하는 문화와 자기주장을 중시하는 문화적 차이도 있겠지만, 무엇보다 어린 시절부터 부모와 아이의 대화 방식에 차이가 있기 때문이다.

자신에 대한 만족도

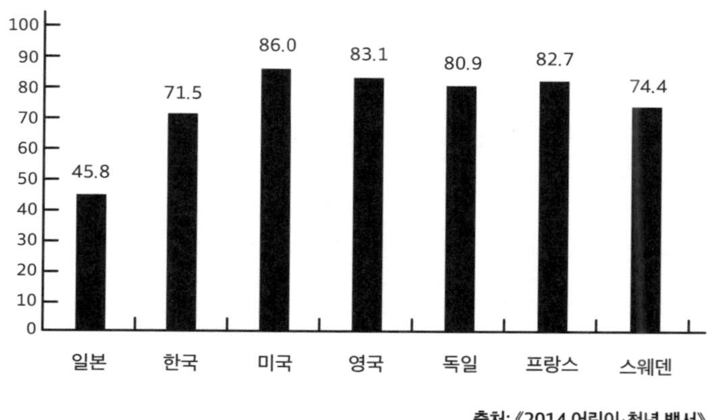

출처:《2014 어린이·청년 백서》

미국은 아이가 특별한 무엇인가를 하지 않더라도 "Good boy!", "Good girl!", "Good job!" 등, 아이가 기분이 좋아 들떠 있을 때 습관적으로 칭찬을 해준다.

한편, 일본은 아이가 칭찬받을 일을 하거나 기분이 좋을 때는 아무 말도 하지 않고, 실수를 하거나 잘못된 행동을 했을 때 지체없이 꾸짖는다. 즉, 나쁜 점만을 지적하고 좋은 행동은 당연시하는 문화가 존재하는 것이다. 가슴 아픈 일이지만 이것이 자기 긍정 의식이 낮은 이유 중 하나가 아닐까?

자기 긍정 의식이 없으면 어떻게 될까?

"자신의 의견을 당당하게 말할 수 있는 아이로 자라면 좋겠어요."라고 말하는 부모들이 많이 있는데, 자기 긍정 의식이 부족하면 주장은커녕 자신의 의견이나 생각을 가지는 것조차 어렵다. 항상 '내가 잘못 생각하는 것이 아닐까?' 하며 자신의 생각에 자신감을 가질 수 없기 때문이다.

어른이 된 이후에도 문제다. 자신을 인정하지 못하면 사소한 일로도 스스로를 원망하거나 새로운 일에 대한 도전을 포기해버리기 쉽다. 학교에서, 회사에서, 모든 커뮤니티에서 "나 같은 건…."이라고 불안을 느끼며 살아간다는 것은 고통이다.

또 끊임없이 인정받고 싶다는 생각에만 매달리기도 한다. "나 좀 봐줘!", "내게 신경 좀 써줘!"라고 보이지 않는 고통을 호소하는 사람은 여러분 주변에도 많을 것이다.

커뮤니케이션이 서투를 경우에는 본인뿐 아니라 주변 사람들도 힘들다. 그렇기 때문에 아이와의 대화는 인생에서 가장 중요한 부분이다.

아이를 가르치는 것이 목적은 아니다

지적과 제재만 하면
아이는 한없이 작아진다.

성실한 부모나 고학력 부모일수록 아이의 이야기에 대해 정답을 가르쳐주거나 이론적으로 접근하려는 경향이 강하다.

"아니, 그게 아니지!"
"이렇게 해야 하는 거야."
"그렇지 않아. 이게 정답이야."
"아빠 말을 들어야 성공해."

이런 식으로 나름의 경험과 이론을 내세워 아이의 말을 무시한다. 올바른 답을 제시해주고 싶은 마음은 이해하지만 그 마음을 억제할 수 있어야 한다.

아이는 대화를 할 수 있게 되면 때때로 어른스러운 말을 사용한다. 그 때문에 부모는 아이가 상황을 잘 이해하고 있다고 생각하고 이론적으로 대화를 하려고 시도한다.

하지만 아이는 지금 배워가는 도중일 뿐이고 성장 과정에 놓여 있다. 당연하다. 이 세상에 나온 지 불과 몇 년밖에 되지 않았으니까.

몇 번이나 강조하지만 부모의 역할은 자기 긍정 의식을 키워주는 것이다.

'아이를 가르치는 것'이 최종 목적은 아니다.

이 점을 분명하게 인식하지 못하면 무슨 말을 해도 바람직한 결과를 얻을 수 없다.

예를 들어 취업을 하기 위한 면접에서 "현 정권에 대해 어떻게 생각하십니까?"라는 질문을 받았다고 하자. 이 질문에 대해 당신은 과거 정권이나 외국의 정권과 비교하거나 데이터를 사용하여 멋진 대답을 했다. 그 자리에서는 상당한 지식을 갖추고 있다는 이유에서 주가가 올라갈지 모른다. 하지만 당신을 어필할 수 있는 포인트가 제대로 전달되었을까?

면접관은 정말로 현 정권에 대해 알고 싶어 질문한 것이 아니다. 그 질문을 축으로 삼아 당신의 인품이나 매력을 찾으려 한 것이다. 따라서 정권을 화제로 유창하게 대답만 해서는 별 의미가 없다. 자신을 어필할 수 있는 포인트를 첨가하여 대답해야 의미가 있다. '점수를 받는다'는 목적을 잊지 않아야 냉정하게 대응할 수 있는 것이다.

부모와 자녀의 대화도 마찬가지다. 이론이나 상식을 내세워 아이의 의견을 무시하고 이쪽의 지시대로 따르게 하는 것이 목적이 아니다.

아이 자신이 '나는 나!'라고 생각할 수 있도록 자기 긍정 의식을 키워주는 것이 목적이다.

늘 잘못을 지적당하고, 무엇인가 하려고 하면 제재를 당한다거나, 부모가 시키는 대로 행동했을 때에만 칭찬을 듣게 되면 아이는,

'툭하면 화만 내면서….'

'엄마는 나를 싫어하는 거야.'

'그래. 시키는 대로만 하면 돼.'

라는 생각에 자기 긍정 의식이 성장할 수 있는 기회, 그릇이 커질 수 있는 타이밍을 잃어버린다.

2장

아이의 말문을 여는 엄마의 말 내공

- 비결편-

아이의 장단점을 모두 인정해준다

아이의 모든 것을 인정해줄 수 있는
사람은 부모뿐이다.

어떤 아빠가 이런 말을 했다.

"어제는 딸아이와 즐겁게 대화를 나누었는데 오늘은 아이가 갑자기 화를 내서…. 어제와 어떤 점이 달랐는지 알 수 없습니다."

최근 아이와의 소통 문제 때문에 고민하는 가정이 많아졌다.

"대체 엄마가 뭘 잘못한 거야?"

"대체 뭐가 마음에 들지 않는 거야?"

하고 고함을 지르고 싶은 마음은 충분히 이해한다.

부모와 자녀 모두 오늘은 왠지 느낌이 좋다고 생각할 수 있는 성공적인 날들을 늘리기 위해 대화의 비결을 간단히 설명해볼 생각이다. 축약하면 다음과 같은 여덟 가지다.

① 아이의 장단점을 모두 인정한다.

② 대화의 목적을 명확히 한다.

③ 일방적으로 캐묻지 않는다.

④ 무조건 수긍해준다.

⑤ 아이의 말을 되풀이한다.

⑥ 아이의 마음을 언어로 치환해준다.

⑦ '마음'을 이해한 뒤에 4W1H로 '사실'을 듣는다.

⑧ 지시하거나 금지하지 않는다.

먼저, 여기서는 아이의 장단점을 모두 인정한다는 것부터 살펴보자. '장점을 인정한다'는 말은 이해하기 쉬울 것이다. 친구를 따뜻하게 대해주었다거나 전철 안에서 조용히 있었다든지 할 때 아이의 올바른 행동을 칭찬하고 인정해주는 것이다.

그렇다면 '단점을 인정한다'는 것은 무엇일까? 소극적인 태도, 침착하지 못한 행동 등의 단점(단점이라고 여겨지는 것)도 포함하여 아이의 개성을 있는 그대로 인정하는 것이다. 예를 들어 아이가 밥을 흘리면서 먹는다고 하자. 이것은 보기 좋은 행동은 아니다. 하지만 혼자 밥을 먹는다는 것 자체를 인정하는 것부터 시작한다. 이것이 '단점을 인정한다'는 것이다.

밥을 흘린다고 무조건 야단부터 치지 말고 일단 스스로 밥을 먹을 수 있다는 데에 "혼자도 잘 먹네. 기특하네."라고 말해준다. '밥은 흘리지 말고 먹어야 한다'는 규칙은 그 이후에 설명해야 한다.

혼자 옷을 입는다면 "오늘도 잘 입었는걸. 대단해!"라고 말해준다. '옷 입는 것 정도는 당연하지.'라는 식으로 생각하면 안 된다.

일단 아이의 말과 행동을 좋든 나쁘든 받아들여야 한다. '좋다', '나쁘다'의 구별은 부모나 사회의 관점과 기준을 적용한 것이고, 아이의 입장에서는 양쪽 모두 자신에게 솔직하고 순수한 행동이기 때문이다. 이 이야기는 2장 비결편 9번에서 보다 상세하게 설명하겠다.

요즘은 아이들의 응석을 너무 받아준다?

"유치원이나 학교에서 응석을 받아주니까 가정에서는 엄하게 대해야 할 필요가 있는 것 아닌가요?"

이런 질문을 받은 적이 있다. 확실히 요즘 교육기관에서는 몬스터 페어런트(Monster Parent; 일본에서 학교를 상대로 독선적인 요구를 하는 학부모를 뜻하는 말 - 옮긴이주) 등을 두려워하여 아이를 야단치는 경우가 거의 없다. 하지만 그만큼 많은 칭찬과 인정을 해주고 있는지도 의문이다. 적어도 부모만큼은 아이를 있는 그대로 인정해주도록 하자. 이것이 대화의 첫걸음이다.

대화의 목적을 명확히 한다

목적이 분명하면 작전도 세우기 쉽다.

아이와 대화를 할 때 목적을 잃어버리는 부모들이 간혹 있다. 하고 싶은 말 또는 아이에게 듣고 싶은 말이 있다면 아이가 헷갈리지 않게 분명하게 말해야 한다.

맞선에 나갔다고 하자. 목적은 물론 배우자를 만들기 위해서다. 하지만 그 자리에서 호감을 느낀 이성과 쓸데없는 이야기로 논쟁을 벌인다면 어떻게 될까? 설령 유창한 말솜씨로 논쟁에서 이긴다고 해도 맞선에 나간 진짜 목적은 이루지 못할 가능성이 높다.

친구와 대화를 할 때도 '도대체 무슨 말을 하고 싶은 건지 모르겠네.'라는 느낌이 들 때가 있다. 무슨 말을 하고 있는지 정확하게 이해할 수 없기 때문에 "그렇지…." 하는 식으로 애매한 대답을 하는 경우가 꽤 많을 것이다. 목적을 잃고 헤매고 있기 때문이다.

아이와의 대화도 마찬가지다.

예를 들어 "유치원(학교)은 재미있니?" 하는 질문의 목적은 무엇일까? 누구와 놀았는지 궁금한 것일까? 공부에 관해서 알고 싶은 것일까? 아니면 선생님에 대해서 알고 싶은 것일까?

대체 무엇을 알고 싶어서 이런 질문을 하는 것일까? 질문만 보고 목적을 분명히 이해할 수 있을까? 심지어 질문을 하는 부모 자신도 무엇을 알고 싶은 것인지 모르는 경우가 많다.

아이와 대화를 나누기 전에는 먼저 대화의 목적을 명확히 해야 한다.

- 선생님에게 야단을 맞지는 않았는지 궁금하다.
- 친구들과 사이좋게 지내고 있는지 알고 싶다.
- 운동회 연습은 잘 되고 있는지 알고 싶다.

이렇게 정리를 하면 보다 구체적인 질문을 할 수 있고, 알고 싶은 대답을 이끌어내기 쉽다.

부모가 뚜렷한 목적을 가지고 이야기하면 아이도 자연스럽게 그런 대화를 할 수 있게 된다. '무엇 때문에 그것을 해야 할까?', '지금 해야 할 일은 뭘까?'를 아이가 스스로 발견할 수 있는 것이다. 이것은 앞으로 긴 인생을 살아가면서 만나게 될 많은 사람들과 커뮤니케이션을 주고받을 때에도 가장 중요한 부분이다.

아이에게 의미 없는 질문을 하는 버릇이 없는지 한번 되돌아보자.

일방적으로 캐묻지 않는다

아이에게는 아이 나름대로의 타이밍이 있다.

세 번째 대화의 비결은 일방적으로 캐묻지 않는 것이다.

"뭐든지 물어보면 '모르겠다', '잊어버렸다' 하는 대답만 돌아와서 정말 힘들어요."

부모들과 이야기를 나누다 보면 이런 상담이 자주 들어온다.

부모 "오늘은 유치원(학교)에서 뭐 했어?"
아이 "잊어버렸어!"

부모 "오늘은 친구들하고 사이좋게 놀았어?"
아이 "몰라!"

이런 식이다. 요컨대 질문을 해도 부모가 기대하는 답변이 돌아오지 않아 고민이라는 것이다.

아이는 왜 제대로 대답하지 않는 것일까? 어떻게 대답해야 좋을지 몰라서거나 대답하고 싶은 기분이 아니어서다. 엄마나 아빠를 무시하거나 심술을 부리는 것이 아니다.

만약 당신이 "오늘 일은 어땠어?"라는 질문을 갑자기 받는다면 어떨까? "어땠냐고? 글쎄, 여느 때와 비슷했는데…."라고 대답하지 않을까?

일주일 동안 줄곧 기다리던 드라마를 보고 있을 때 "오늘 상사와의 관계는 어땠어?"라는 질문을 받는다면 어떨까? '귀찮게 묻네. 나중에 물어보지.'라고 생각하지 않을까?

아이도 마찬가지다.

부모가 알고 싶은 타이밍이 곧 아이가 말하고 싶은 타이밍은 아니다.

우선 이 점을 이해하자. 그렇지 않으면 대화가 아니라 일방적으로 캐묻는 상황이 벌어진다.

부모가 먼저 캐묻지 않는다

극단적으로 말하면 부모는 질문을 하지 말아야 한다. 아이가 스스로 이야기할 때까지 기다려주어야 한다. 어른과 달리 아이의 시간은 천천히 흘러간다. 어른은 즉각적인 대답을 듣고 싶어 하지만 참아야 한다.

그러면 아이는 '지금이라면 내 이야기를 들어줄지도 몰라.' 하는 생각에 "엄마…." 하고 스스로 말을 꺼낼 것이다.

어떤 아빠가 모처럼 휴일에 아이와 함께 캐치볼을 하기 위해 공원으로 갔을 때의 일이다. 한 시간 정도 즐겁게 캐치볼을 하고 집으로 돌아오는 길에 "저, 학교에서…."라고 아이가 고민을 상담해왔다고 한다. 아마도 '아빠가 오늘은 나한테 신경을 써주고 있어. 지금이라면 고민을 이야기해도 잘 들어줄 거야.'라고 생각했기 때문일 것이다.

어떤 여자아이는 엄마랑 함께 욕조에 들어가면 이런저런 이야기를 꺼낸다고 한다. "아까 화를 낸 이유는…." 하고 부모가 물어보고 싶었던 말을 스스로 꺼낸다는 것이다. 엄마가 가사를 비롯한 일을 하는 도중이 아니라 욕조 안에서라면 자기만을 바라본다고 생각하기 때문이다.

부모의 타이밍을 우선하여 캐물을수록 아이는 입을 다문다. 캐묻는 자세는 아이를 몰아가는 것과 같다. 우선 아이의 페이스에 맡겨두자.

아이가 말하고 싶은 타이밍이 찾아와 스스로 이야기를 꺼냈을 때는 귀를 기울이고 집중하는 자세를 보이는 것이 중요하다.

무조건 수긍해준다

대화를 확대할 필요는 없다.

여기에서부터는 아이가 자신의 페이스로 이야기를 시작한 이후의 대화 비결에 관해서 설명할 생각이다.

아이가 "저…." 하고 이야기를 시작하면,

"그래."

"아, 그래서?"

"그렇지."

이런 식으로 무조건 수긍해준다. 굳이 무리해서 대화를 확대할 필요는 없다. 많은 엄마들이 아이의 이야기에 앞서 성급하게 대화를 주도하려고 한다. 그러고 싶은 마음이 들더라도 일단 참아야 한다.

혹시 집에서 이런 대화를 하고 있지는 않은가?

아이 "오늘 도시락은…."

부모 "응. 다 먹었어? 남기지 않았어?"

아이 (아, 지금 이야기하려고 하는데….)

이처럼 결론을 서두르고 있지는 않은가? 누군가로부터 영어로 질문을 받은 경우를 생각해보자. 뇌에서 열심히 '영어→모국어→영어'로 변환이 이루어지고 있는데 계속 영어로 질문이 들어온다면 어떨까?

'지금 대답하려고 하는데….'

이런 생각이 들면서 말을 하고 싶은 마음이 싹 사라지지 않을까?

아이도 마찬가지로 생각할 것이다.

아이 "오늘 도시락은…."

부모 "그래."

(즉시 대답하지 말고 뒷이야기를 기다린다.)

아이 "…하나도 안 남기고 전부 먹었어!"

부모 "남기지 않고 전부 먹었다고? 잘했네!"

이런 식으로 시간이 걸리더라도 다음 말을 기다려주는 센스가 필요하다.

결론을 말하는 쪽은 아이가 되어야 한다.

이것은 아나운서 일에서도 마찬가지다. 아나운서는 상대의 대답을 유도하는 것이 일이다. "맛있어요!"라는 대답을 원하면서 "이 햄버거 맛있지요?"라고 질문을 하면 상대는

"네." 또는 "아니요."밖에 대답할 수 없다.

상대로부터 "이 햄버거 맛있어요."라는 대답이 나올 수 있도록 질문을 할 수 있는 사람이 진정한 프로다. 주인공은 아나운서가 아닌 것이다.

아이와의 대화도 마찬가지다. 주인공은 부모가 아니라 아이이다.

아이의 말을 되풀이한다

아이는 인정받았다는 느낌만으로 만족한다.

다섯 번째 대화의 비결은 아이의 말을 되풀이하는 것이다.

아이 "아팠어…."
부모 "아팠다고?"

아이 "맛있어!"
부모 "맛있지?"

이처럼 아이의 말을 그대로 되풀이해주자. 그렇게 하면 아이는 '엄마는 나를 이해해줘.', '아빠는 내 편이야.'라고 생각한다. 그리고 자신이 인정을 받았다는 느낌에 의해 자기 긍정 의식이 커진다.

"왜 그러니?"
"뭐, 재미있는 일 있었니?"
이런 식으로 즉시 이유를 묻는 것은 좋지 않다.
'왜 그러냐고? 그걸 어떻게….'

'이유는 정확하게 모르는데….'

아이는 이런 식으로 생각할 것이다. 결국에는 '이야기하고 싶다'는 마음까지 사라져버린다.

대화의 폭을 넓히는 방법

대화가 이어지면 다음에는 한마디 첨가해서 되풀이한다.

아이 "아팠어…."
부모 "이런! 많이 아팠구나."
아이 "아니, 많이는 아니고 조금 아파."

이렇게 서서히 대화의 폭을 넓히는 것이다.

또 주어를 첨가하는 것도 대화의 폭을 넓히는 실마리가 된다.

아이 "아팠어…."
부모 "우리 ○○가 머리가 아팠구나."
아이 "내가 아니고 친구가 머리가 아팠어."

아이는 주어를 붙여서 이야기하는 데 아직은 익숙하지 않다. 따라서 대화의 힌트가 되는 말을 부모가 첨가해가는 식으로 되풀이하도록 하자.

우선 즉시 도입할 수 있는 대화의 비결편 중 4번의 '무조건 수긍해준다'와 5번의 '아이의 말을 되풀이한다'를 사용해서 대화를 해보자.

물론 바빠서 계속 수긍해주고 되풀이해주는 것은 무리다. 아이의 결론을 기다리다가는 해가 저물 것이라고 생각할 수도 있다.

하지만 걱정하지 않아도 된다. 이 기본이 제대로 지켜지면 아이는 점차 스스로 이야기를 꺼내게 된다. 이것이 아이와의 대화를 성공으로 이끄는 지름길이다.

아이의 마음을 언어로 치환해준다

아이는 아직 언어를 능숙하게 다룰 수 없다.

아이의 생각이나 마음을 성장하게 하려면 어휘를 늘려주어야 한다. 그래서 여섯 번째 대화의 비결은 '아이의 마음을 언어로 치환해준다'는 것이다.

예를 들어 무엇인가에 관하여 아이가 "하고 싶지 않아!" 라고 말했을 때, 부모가 평소에 어떻게 대응하고 있는지 한 번 생각해보자.

"그래. 하기 싫다고?"
"알았어. 하지 마!"

대부분의 부모들은 이런 식으로 대응한다. 이것도 아이와의 대화를 단절시키는 접근이다.

아이가 '하고 싶지 않다'고 말하는 데에는 여러 가지 의미가 담겨 있다.

"지금은 하고 싶지 않지만 엄마가 하면 나도 하고 싶어."
"하고 싶지만 다른 사람들 앞에서는 하기 싫어."

"구두를 신고 하고 싶은데 맨발이기 때문에 하기 싫어."
"한 번뿐이라면 하고 싶은데 계속하기는 싫어."

이처럼 '하고 싶지 않다'는 한마디의 말에도 다양한 의미가 있다. 하지만 사용할 수 있는 어휘가 부족하기 때문에 '하고 싶지 않다'는 한마디에 그 모든 의미를 집약하고 있는 것이다. 따라서 부모는 그 각각의 마음을 언어로 치환해 주어야 한다.

"지금은 하고 싶지 않구나? 그럼 나중에 해볼까?"
"엄마하고 함께 하고 싶어?"
"구두를 신으면 할 수 있을까?"
"계속 하기는 싫은 거지?"

아이의 마음을 나타내는 말을 부모가 찾아주면 아이의 마음과 말이 자연스럽게 연결되면서 아이의 어휘력이 향상된다.

흔히 친구에게 덤벼들거나 바닥에 누워 떼를 쓰거나 분해서 발을 동동 구르는 아이가 있다. 자신의 마음을 말로 적절하게 표현할 수 없기 때문에 이런 행동을 하는 것이다. 그렇게 생각하면 왠지 기특하고 귀엽지 않은가? 그동안은 무조건 화를 내거나 야단치기만 했던 일인데 그 행동을 이해하면 조금은 너그럽고 여유가 생길 것이다.

의미를 알 수 없는 아이의 행동이나 짜증을 그대로 받아들이고 그것을 언어로 치환해주도록 하자. 초조해하지 말고 하나하나의 마음을 이해해주어야 한다. 그렇게 하면 의미를 알 수 없는 아이의 행동이나 짜증은 줄어들고 언어를 사용해서 대화를 할 수 있게 된다.

'기분'을 먼저 이해한 뒤에 '사실'을 듣는다

기분과 사실은 확실히 구분하자.

다음으로는 아이가 기분 좋게 이야기를 시작했을 때 대화가 계속 이어지게 하는 비결이다.

우선 "응.", "그렇구나.", "마음이 아팠겠다.", "즐거웠겠네.", "얼마나 좋았을까?" 등등 아이의 기분을 있는 그대로 받아들인 뒤에 '4W1H(What, Where, Who, When, How)'로 사실을 물어본다.

'왜?'에 해당하는 'Why'는 아이를 꾸짖는 듯한 뉘앙스가 있기 때문에 사용하지 않는다. 중요한 것은 아이의 기분을 확실하게 받아들인 뒤 4W1H로 대화를 진행하는 것이다.

"아이가 도대체 무슨 말을 하는지 알 수가 없어요."

"뒤죽박죽이어서 의미를 정확하게 이해할 수 없어요."

상담에서 자주 들을 수 있는 이야기다. 왜 아이의 말은 정신이 없을까? 기분과 사실이 뒤죽박죽으로 섞여 있기 때문이다. 따라서 기분과 사실을 구분하여 질문을 하고 정리를 하면서 대화를 나누어야 한다.

아이 “아팠어….”

부모 “이런, 아팠구나….”(기분을 받아들인다.)

아이 “응. 그래도 울지는 않았어.”

부모 “울지 않았다고? 용감한데.”(기분을 받아들인다.)

아이 “울지 않은 아이는 나뿐이야.”

부모 “대단한데! 어디에서 다친 건데?”(4W1H로 묻는다.)

아이 “교실에서.”

부모 “교실에서 그랬구나. 언제 다쳤니? 쉬는 시간?”
(4W1H로 묻는다.)

아이 “응, 쉬는 시간.

부모 “다른 친구들도 다쳤니?”(4W1H로 묻는다.)

이런 흐름으로 기분과 사실을 구분하여 물어본다. 갑자기 “언제 다쳤는데? 왜 다친 거니?” 하고 사실만을 물어보면 아이는 ‘엄마는 나는 걱정하지 않는 건가?’라고 생각한다.

어른도 마찬가지가 아닐까? “회사 실적이 나빠서 나도 구조조정을 당할지 몰라.” 하고 아내에게 밝혔을 때 “응? 그럼 융자는 어떻게 해?”라고 아내가 물어온다고 하자. 이런 말을 듣는다면 ‘뭐야? 우선 나부터 걱정해야 하는 것 아닌가?’ 하는 섭섭함이 느껴질 것이다.

“오늘 동창회에서 친구들이 나보고 젊어 보인대!” 하고

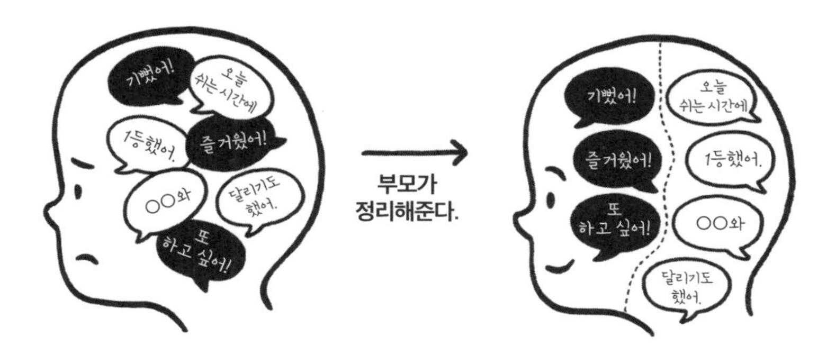

남편에게 말했는데, "요즘 40대는 다 젊어 보여."라는 말을 듣는다면 어떨까? '뭐야? 말을 이렇게밖에 못하나?' 하는 생각이 들 것이다.

어른과의 대화도 우선은 기분을 받아들이는 것부터 시작해야 한다. 그렇게 하면 대화가 훨씬 부드럽게 진행된다.

아이가 말을 곧잘 하기 때문에 무엇이건 이해할 것이라고 생각하기 쉽다. 하지만 복잡한 기분, 복잡하게 얽혀 있는 사실을 설명할 수 있는 능력은 아직 갖추고 있지 않다. 갑자기 '왜?'라는 질문을 받아도 표현할 수 없기 때문에 '4W1H'를 사용해서 하나하나 알아내야 한다.

무엇보다 중요한 점은 사실보다 먼저 기분을 받아들여야 한다는 것이다. 우선 아이의 마음이 내킬 때까지 기분을 받아들이는 것부터 신경 쓰도록 하자.

지시하거나 금지하지 않는다

스스로 선택하고 행동하게 하자.

나는 강연에서 부모와 자녀의 대화에 관하여 이야기할 때 반드시 이렇게 질문한다.

"오늘 아침에 일어나서 이곳으로 오기까지 자녀들에게 어떤 말씀을 하셨나요?"

대부분의 대답이 비슷하다.

"빨리 일어나!"

"밥 좀 흘리지 말고 먹어!"

"꾸물거리지 말고 빨리 옷 갈아입어!"

"빨리 가!"

여러분도 아이에게 매일 아침 습관처럼 이런 말을 할 것이다. 이것은 모두 지시와 금지에 해당하는 말이다. 대화가 아니다. 내가 이런 지적을 하면 대부분의 부모들은 흠칫하며 표정이 바뀐다. 그렇다면 어떻게 말해야 좋을까?

"~해!"(지시)는 "자, ○○하자!"로,

"~하지 마!"는 "좋아!"로 바꿔보자.

"빨리 일어나!"

→"자, 일어나야지!"

"빨리 가!"

→"자, 이제 가야지."

"밥 좀 흘리지 말고 먹어."

→"좋아! 밥을 잘 먹는다는 거니까 괜찮아!"

"꾸물거리지 말고 빨리 옷 갈아입어!"

→"좋아! 하나하나 생각하면서 갈아입는 거구나."

정말 간단하지 않은가? 오늘부터 지시와 금지는 모두 버리고, 반드시 "자, ○○하자!"와 "좋아!"를 사용해보자.

부모는 아무래도 지시를 하게 된다?

부모는 왜 지시와 금지에 해당하는 말을 자주 사용할까? 이유로 두 가지를 생각할 수 있다.

첫 번째는 시대적 배경이다. 근대까지만 해도 아이들의 존재 가치는 노동력이었다. 집안일을 돕는 일꾼으로 키우려면 지시나 금지의 말을 사용하는 쪽이 효율적이고 편했을 것이다. 따라서 아이는 소유물이고 시키는 대로 말을 잘 들어야 한다는 사고가 강했다. 하지만 시대가 바뀌었다. 각자가 자신의 사고를 가지고 자립해서 살아가야 한다. 부모와 자녀는 이제 강자와 약자의 관계가 아니다.

두 번째 이유로는, 아이들이 아무런 능력도 갖추지 않은 상태에서 태어난다고 생각했기 때문이다. 그래서 "어른이 가르쳐주지 않으면 안 된다!"라고 믿었다. 그리고 지금도 역시 그렇게 믿고 있는 사람들이 정말 많다.

하지만 최근 연구에 의하면 갓난아이는 스스로 선택하고 스스로 생각할 수 있는 능력을 갖추고 태어난다는 사실이 밝혀졌다. 예를 들어 태어날 날도 스스로 결정한다. 아무도 가르쳐주지 않았지만 즉시 젖을 먹는다. 예쁜 표정을 지어 부모에게 사랑을 받으려 한다. 우리 인간은 이런 훌륭한 능력을 갖춘 상태로 이 세상에 태어나는 것이다.

그렇기 때문에 부모가 해야 할 일은 지시를 통해서 시키는 대로 움직이게 하거나 주입을 시키는 것이 아니다. 아이의 내부에 이미 갖추어져 있는 능력을 믿고 그 능력을 키워나갈 수 있도록 도와주어야 한다.

지시나 금지는 시대에 뒤떨어진 대화 방법이다.

당연한 일을 했을 때도 말로 분명하게 칭찬해준다

특별한 경우에만 칭찬하는 것이 아니다.

대화의 비결을 이해했으면 다음에는 칭찬하는 비결이다.

칭찬이 매우 중요하다고 설명하면 "선생님, 우리 아이는 칭찬할 부분이 전혀 없어요."라고 말하는 부모들이 있다. 당연하다. 칭찬할 부분이 많은 아이는 이 세상에 존재하지 않으니까.

'달리기에서 1등을 했다', '백 점을 받았다', '싫어하는 야채를 먹을 수 있게 되었다'는 식의 특별한 일은 매일 발생하지 않는다. 그런데 특별한 경우에만 칭찬을 해주면 칭찬을 받고 싶어서 거짓말을 하는 아이가 된다. 또 자신은 특별한 경우 이외에는 쓸모없는 존재라는 생각에 자신감을 가질 수 없게 된다.

따라서 당연한 일을 했을 때에도 말로 분명하게 칭찬해주어야 한다. 이것이 출발점이다.

나는 딸아이에게 매일 "오늘도 혼자 일어나다니 대단해!"라고 말을 건다. 일반적으로 생각한다면 아침에 혼자 일어나는 것은 당연한 일이다. 하지만 매일 이렇게 이야기해주면 아이는 "나도 혼자 일어날 수 있어!" 하고 자신감을 가지게 된다.

또 "어제보다 일찍 일어났는데! 최고야!"라고 말하면, "나, 아침에 일어나는 것, 자신 있어!"라는 식으로 신난 모습을 보인다. 아침에 일찍 일어나는 것을 자랑거리라고 생각하게 되는 것이다.

늦잠을 잤더라도, 부모가 20분에 걸쳐 열심히 깨웠더라도, "이야, 일어난 거야? 역시!"라는 식으로 말해야 한다. "엄마가 20분이나 깨웠잖아!", "오늘도 늦잠이냐?"라는 식으로 핀잔을 주는 말투는 좋지 않다. 그럴 경우 아이는 '나는 아침에 혼자 일어날 줄도 몰라.'라고 생각하게 된다.

굳이 아이에게 '너는 정말 문제가 많다'는 식의 의미 없는 말을 할 필요는 없다.

- 혼자 신발을 신었다.
- 혼자 옷을 입었다.
- "잘 먹겠습니다." 하고 말했다.
- 밥을 흘리지 않고 잘 먹었다.
- 친구들과 재미있게 놀았다.

이런 사소한 행동에 대해서도 칭찬을 해주자. 그리고 처음 그렇게 했을 때뿐 아니라 매일 반복적으로 칭찬해주자. 가능하면 구체적으로 칭찬해주는 것이 포인트다. "대단해!"가 아니라 "혼자 신발을 신었네. 대단해!". "잘했어!"가 아니라 "혼자 옷을 입었다니, 정말 잘했어!"라고 말해준다. 이런 식으로 매일 구체적으로 칭찬해주자.

어른도 마찬가지다. 가족을 위해 매일 음식을 준비하고 있는데 그 음식을 먹으면서 아무런 반응이 없다면 맥이 빠지지 않을까? 당연하다고는 해도 "이거 정말 맛있는데!", "고마워. 매일 식사 준비하느라 고생이 많아."라는 말을 듣는다면 당연히 좀 더 노력하고 싶은 생각이 들 것이다.

일에서도 "○○씨, 늘 배려해줘서 고마워요.", "지난번 프레젠테이션, 최고였어요!"라는 말을 듣는다면 당연히 기분이 좋아진다. 칭찬은 특별한 경우에만 하는 것이 아니다.

최고의 칭찬은 제삼자로부터 듣는 한마디다

중요한 순간에는 고급 칭찬 기술을 사용한다.

이번에는 중요한 순간에 통하는 최고의 칭찬 방법을 소개하고자 한다. 바로 제삼자를 통해서 전하는 것이다.

"엄마에게 들었는데 오늘 ○○를 했다면서?"

이런 식으로 엄마의 말을 아빠에게 전해 들으면 아이의 입장에서 최고의 칭찬이 된다. 지속적으로 아이가 같은 행동을 하기를 바란다면 제삼자를 통하여 칭찬을 해보자.

또 아빠가 귀가한 타이밍에 엄마가, "여보! 오늘 유치원에서 ○○가 △△를 했대요!"라고 아이 앞에서 전하는 방법도 있다. 아이는 못 들은 척하면서도 토끼처럼 귀를 쫑긋 세울 것이다.

일에서도 "부장님에게 들었는데 자네가 기획한 그 프로젝트, 꽤 평판이 좋은 것 같아."라는 말을 듣는다면 당연히 기분이 좋을 것이다.

반대로, 가장 나쁜 칭찬은 다른 사람과 비교해서 칭찬하는 것이다.

"○○보다 훨씬 잘했구나."

"○○보다 나은데."

이런 식의 비교는 절대 하지 말아야 한다. 비교를 통해서만 칭찬하면 아이도 비교를 통해서만 스스로를 인정하게 된다.

단, 비교를 해야만 칭찬할 수 있는 경우도 있다. 아이의 과거와 현재를 비교하는 것이다.

"어제는 못했는데 오늘은 척척 잘하네."

"지난번보다 훨씬 나아졌는데!"

"1년 전하고는 비교할 수가 없을 정도야!"

이렇게 다른 사람이 아니라 아이 자신의 과거와 현재를 비교하는 것이다.

아이의 목적이 '칭찬받는 것'이 되어서는 안 된다

간혹 '칭찬'을 착각하는 부모가 있다. 아이가 나비 그림을 그리고 있다고 하자. 부모가 생각하는 이미지대로 그리면 "잘 그리는데!"라고 칭찬을 해준다. 하지만 이미지가 다르면 "흐음, 나비는 이런 색깔이 아닌데.", "날개 모양이 약간 다르지 않니?"라고 말한다.

그럴 경우 아이는 "보라색으로 칠하면 엄마가 좋아할까?", "날개를 약간 작게 그리면 엄마가 칭찬해줄 거야!"라는 식으로 생각하게 된다. 즉, 자신이 그리고 싶은 것이 아니라 칭찬을 받기 위해 그림을 그리는 것이다. 엄마의 말은 어떤 의미에서 "보라색으로 칠해야지.", "날개는 좀 더 작게 그려야지."라고 명령을 내리는 것과 비슷할 정도의 강제력으로 작용한다. 그러나 많은 부모들이 그 사실을 깨닫지 못하고 이런 식으로 말을 하고 있다는 게 문제다. 이것은 올바른 칭찬이라고 말할 수 없다.

가끔 "아이 마음대로 그리도록 내버려두었다가 아무리 시간이 지나도 나비 한 마리 제대로 못 그리면 어떻게 해요?"라고 걱정하는 엄마가 있다. 그야말로 쓸데없는 걱정이다. 자기 긍정 의식이 육성되면 언젠가 어머니가 지시한 나비를 능가하는, 훨씬 멋진 나비를 그릴 수 있다.

부모의 역할을 기억하자. 부모의 역할은 '자기 긍정 의식을 육성하는 것'이다. 나비의 예를 비유해서 말한다면 엄마에게 지시를 받아 아름다운 나비를 그릴 수 있게 하는 것이 아니라 아이 자신이 '그리고 싶어!', '좀 더 아름답게 그리고 싶어.'라고 생각하도록 육성해주는 것이 부모의 역할이다. 지금 어떤 식으로 아이를 칭찬하고 있는지 되돌아보자.

아이(I) 메시지로 꾸짖는다

왜 꾸짖고 있는지 전달하기가 쉽다.

칭찬하는 비결을 익혔다면 이제 꾸짖는 비결도 배워보자.

나는 기본적으로는 꾸짖지 않는 것이 가장 바람직하다고 생각하지만 신체적 위험과 관련이 있을 때는 어쩔 수 없이 야단을 친다. 다급한 경우라면 자기도 모르게 "그러면 안 돼! 하지 마!"라고 큰소리를 낸다. 자동차가 많은 도로로 뛰쳐나가거나 친구를 밀어 쓰러뜨리는 경우에는 어쩔 수 없이 큰소리를 낼 수밖에 없다.

여기에서는 그다지 긴급하지 않은 그 이외의 상황에서 꾸짖는 방법을 살펴보자.

핵심 포인트는 다음의 네 가지다.

① 아이의 성격이나 능력을 규정하지 않는다.
② 주어는 'I'로 한다.
③ 비교하지 않는다.
④ 그 자리에서 꾸짖는다.

아이의 성격이나 능력을 규정하지 않는다

예를 들면 이런 식으로 꾸짖는 것이다.

"너는 왜 그렇게 멍청하니?", "너는 아무 짝에도 쓸모가 없어.", "어쩌면 그렇게 말을 안 듣니?" 등 아이의 성격이나 능력을 규정하는 말투는 당장 버려야 한다.

"아, 나는 멍청하구나."

"나는 쓸모없는 인간이야."

이렇게 아이 자신이 스스로를 부정적으로 규정해버리기 때문이다. 우연히 그때 빨리 행동하지 못했을 뿐 정말 멍청한 것은 아닐 수도 있다.

지금은 부족해 보여도 앞으로 얼마든지 나아질 수 있다. 하지만 스스로 규정해버리면 정말 멍청한 인간, 쓸모없는 인간이 되어버린다.

칭찬을 할 때도 마찬가지다. "○○는 정말 영리해.", "너는 정말 착한 아이야."라는 칭찬은 언뜻 괜찮게 들리지만 '영리한 아이', '착한 아이'라는 칭찬을 듣기 위해 거짓말을 하는 경우도 있다. 칭찬을 할 때도 성격이나 능력을 규정짓는 말은 바람직하지 않다.

주어는 'I'로 한다

아이에게 주의를 줄 때 부모들이 "○○야! 뛰지 말라니까!", "○○야, 왜 이렇게 시끄럽게 떠들어?"라고 꾸짖는 경우가 있다. 이것은 임시방편일 뿐이다. 무조건 "뛰지 말라니까!"라고 소리를 지른다고 뛰지 않는 것이 아니다. 아이 자신이 '뛰지 말자.'라고 생각하지 않으면 의미가 없다.

따라서 일단 인정을 해주고 이야기한다. 그리고 주어를 'You'가 아니라 'I'로 해서 주의를 준다.

"○○야! 뛰지 말라니까!"

→"마음껏 뛰어다니면 기분 좋지? 하지만 여기에서 네가 그렇게 뛰어다니면 엄마가 불편해."

"○○야, 왜 이렇게 시끄럽게 떠들어?"

→"마음껏 소리 지르면 기분 좋지? 하지만 지금은 조용히 있어야 엄마가 편할 것 같아."

이런 식으로 아이의 행위를 일단 인정해준 뒤에 주어를 '나는', '엄마는'으로 하여 무엇을 원하는지 이야기한다. 무조건 꾸짖는 것이 아니라 부모의 마음을 첨부하여 '왜 여기에서 뛰면 안 되는가', '지금은 어떻게 해야 하는가'를 아이

스스로 생각하게 만들어야 한다.

뛰는 것은 기분 좋은 행동이다. 소리를 지르는 것 역시 기분 좋은 행동이다. 그렇기 때문에 일단 그 행동을 인정해 준 뒤에 "하지만 여기에서는 ○○해주면 엄마가 편하겠다." 라고 말해야 한다.

칭찬을 할 때도 마찬가지다. "○○가 도와주니까 엄마는 너무 편해."라고 말하면 '엄마를 위해서 열심히 해야지!' 하는 생각에 아이는 더 노력하게 된다.

비교하지 않는다

칭찬할 때와 마찬가지로 꾸짖을 때도 비교는 하지 말자.

"○○는 잘하던데 너는 왜 그렇게 못하니?"

"봐! 다른 아이는 혼자서도 잘하잖아!"

이런 식으로 비교하면서 꾸짖는 말은 하지 말아야 한다.

단, 아이의 과거와 현재를 비교하는 말이라면 괜찮다.

"어제는 잘했는데 오늘은 왜 못할까?"

이렇게 말하면 자신감을 되찾아 갑자기 잘하는 경우도 있다. 다른 아이와의 비교나 승패가 아니라 어디까지나 '아이 자신과의 싸움'으로 여기게 해주자.

그 자리에서 꾸짖는다

꾸짖거나 주의를 줄 때는 '그 자리에서 즉시'가 철칙이다. 나중에 말하면 아이는 무슨 말인지 이해하기 어렵다.

꾸짖는 방법 중에서 가장 나쁜 것은 "나중에 아빠한테 야단치라고 할 거야."라는 식으로, 나중에 제삼자가 야단을 치도록 하겠다는 경고다.

"엄마에게 들었는데 오늘 엄마 말을 듣지 않았다면서?"

제삼자를 통해서 이런 말을 들으면, 아이와 엄마의 신뢰관계가 무너지고, 그 이후부터는 엄마를 믿지 않고 진심을 말하지 않는다. "선생님에게 이를 거야."는 그야말로 최악이다. 부모는 어디까지나 아이의 편이 되어야 한다.

꾸짖는 것은 화를 내는 것이 아니다.

때로는 엄마도 컨디션에 따라 초조할 때가 있다. 그럴 때에는 그 화살이 아이에게 향하지 않도록 해야 한다. 따라서 아이를 꾸짖기 전에 잠깐 시간을 두는 것이 좋다. 가령 심호흡을 하거나, 좋아하는 향기를 맡거나, 화장실에 다녀오거나, 홍차나 물을 마신다. 이런 식으로 냉정을 되찾은 이후에 생각하면 정말 화를 내야 할 상대가 누구인지 보일 것이다.

표정과 말을
일치시킨다

엄마의 무표정이 가장 무섭다.

아이와 대화를 할 때에는 표정이나 몸짓도 중요하다. 아이는 말이 아니라 상대의 표정, 태도, 몸짓을 통해서 정보의 80%를 받아들인다. 그렇기 때문에 표정과 말은 일치해야 한다.

아무런 감정 없이 무표정으로 칭찬하는 부모들이 뜻밖에도 많이 있는데, 무표정은 아이에게 무서운 느낌을 준다. 하지만 부모 본인은 특별히 기분이 나쁜 것도 아니고 무의식 상태에서의 표정일 뿐이라면, 다음의 핵심 포인트를 참고하여 약간의 수정을 해보자.

- 칭찬할 때: 입술 양쪽 끝을 올리고 싱긋 미소를 지어 보이면서 말한다.
- 꾸짖을 때: 진지한 표정으로 말한다.
- 슬플 때: 눈꼬리, 입술 양쪽 끝을 내리고 기운 없이 말한다.
- 즐거울 때: 얼굴이 일그러질 정도로 마음껏 웃으면서

말한다.

- 놀랐을 때: 눈을 동그랗게 뜨고 놀라서 몸을 뒤로 젖히는 듯한 행동을 하며 말한다.

아이는 부모의 표정을 기준으로 삼는다.

부모의 표정이 중요한 이유가 바로 이것이다. 즉, 부모의 표정이 아이의 '가치 기준'을 만드는 것이다. 부모가 두려운 표정을 지으면 '아, 이건 무서운 것이구나.'라고 생각하고, 슬픈 표정이라면 '이 행동은 안 좋은 것이구나.', 기쁜 표정이라면 '이런 건 해도 되는구나. 더 해야지.'라고 생각하는 식이다.

하지만 무표정은 판단 재료가 없기 때문에 아이의 입장에서 볼 때 가장 무서운 표정일 수밖에 없는 것이다. 따라서 아이와 대화할 때 무표정은 절대 안 된다.

"우리 아이는 왜 웃지 않을까?"

이런 걱정을 하기 전에 우선 자신의 표정을 점검해보자.

표정뿐 아니라 리액션도 중요하다. 스스로 과장되게 느껴질 정도가 가장 바람직하다.

표정을 만들기 어려울 때

가끔 "왠지 연기하는 듯한 느낌이 들어서 잘 안 돼요."라고 말하는 부모가 있다. 처음에는 쑥스러울 수도 있다. 하지만 몇 번 도전해보면 익숙해지니까 거울 앞에서 표정 연습을 해보자. 상황에 맞는 표정을 짓지 못하는 이유는 얼굴의 근육이 굳어서일 수도 있다. 그럴 때는 얼굴 근육의 긴장을 풀어주는 얼굴 체조를 권한다.

뒷장에서 소개할 '흉내 놀이'와 '표정 놀이'는 방송국 아나운서 시절에 배운 내용을 바탕으로 딸아이가 태어났을 때 함께 놀아주기 위해 만든 것이다.

아나운서도 표정이 생명이다. TV에서는 언어로 설명하는 것 이상으로 표정이 많은 이야기를 한다. 표정은 순간적으로 시청자들에게 의미를 전달할 수 있기 때문이다.

표정이 풍부한 부모가 되도록 하자. '흉내 놀이'와 '표정 놀이'는 아이와 함께 놀이처럼 즐길 수 있는 것은 물론이고 얼굴 근육의 긴장을 풀어주는 체조로도 이용할 수 있다. 얼굴 근육을 최대한 움직이다 보면 쌓인 스트레스도 날려버릴 수 있다.

흉내 놀이

흉내 놀이, 흉내 놀이,
어떤 표정 지을까?
입을 크게 벌리고, 아!

②

흉내 놀이, 흉내 놀이,
어떤 표정 지을까?
뺨을 한껏 부풀리고, 푸우!

③

흉내 놀이, 흉내 놀이,
어떤 표정 지을까?
혀를 길게 내밀고, 메롱!

④

흉내 놀이, 흉내 놀이,
어떤 표정 지을까?
눈꼬리를 올리고, 찌릿!

⑤

흉내 놀이, 흉내 놀이,
어떤 표정 지을까?
입술을 동그랗게, 호오!

⑥

흉내 놀이, 흉내 놀이,
어떤 표정 지을까?
고양이 눈으로, 야옹!

⑦

흉내 놀이, 흉내 놀이,
어떤 표정 지을까?
돼지코를 만들고, 꿀꿀!

표정 놀이

이런 표정, 저런 표정,
어떤 표정? 웃는 표정!
하하하!

이런 표정, 저런 표정,
어떤 표정? 우는 표정!
흑흑흑!

③

이런 표정, 저런 표정,
어떤 표정? 화난 표정!
뭐라고?

④

이런 표정, 저런 표정,
어떤 표정? 따분한 표정!
하아암!

이런 표정, 저런 표정,
어떤 표정? 신난 표정!
와하하!

⑥

이런 표정, 저런 표정,
어떤 표정? 난처한 표정!
어쩌지?

⑦

이런 표정, 저런 표정,
어떤 표정? 놀란 표정!
우아!

⑧

이런 표정, 저런 표정,
어떤 표정? 시큼한 표정!
아이 셔!

⑨

이런 표정, 저런 표정,
어떤 표정? 무서운 표정!
무표정!

아이에게 가장 무서운 얼굴은 화난 얼굴이 아니라 '무표정'한 얼굴이다.

아이와 가까워지는 비결을 알아둔다

평소에 어떻게 대화하는지 점검해보자.

관점을 조금만 바꾸면 아이와의 대화가 재미있게 느껴질 것이다. 이번에는 아이와 한 뼘 더 가까워지는 플러스알파의 비결을 소개해보겠다.

눈높이를 맞춘다

당연한 말이지만 아이는 어른보다 키가 작다. 위에서 내려다보는 자세는 의도적이지 않더라도 지배적인 느낌이다. 따라서 대화를 할 때에는 가능하면 부모가 자세를 낮추어 아이와 눈높이를 맞추자.

같은 방향을 바라본다

당연히 마주 앉아서 눈을 보고 대화를 나누어야 하지만 가끔은 아이와 같은 방향을 바라보도록 한다. 뒤에서 끌어안고 책을 읽어주거나 옆으로 나란히 앉아 텔레비전을 본다. 이런 식으로 같은 방향(대상)을 보고 같은 대상을 소재로 이야기하면 아이의 마음에는 안도감이 형성된다.

스킨십을 한다

틈날 때마다 스킨십을 한다. 어린 시절 스킨십을 자주 하면 "나는 사랑받고 있어!"라는 만족감이 느껴지고, 의욕, 창조력, 집중력을 담당하는 전두엽이 발달한다고 한다. 어떤 연구에서는 어린 시절 사랑받지 못하고 학대받으며 자란 범죄자의 전두엽은 일반인보다 작다는 결과도 나왔다.

나는 함께 텔레비전을 볼 때, 이야기를 할 때 항상 딸아이의 손을 잡는다. 딸아이는 물론이고 나도 편안함을 느낄 수 있는 기분 좋은 시간이다.

어린아이 같은 말을 사용한다

공부에 열성적인 부모일수록 "어린아이 같은 말 좀 하지 마!"라고 하지만, 어린아이 같은 말은 이 시기에 한정된 아름다운 언어이기 때문에 적극적으로 사용하기 바란다.

갓난아이의 입은 작아서 제대로 발음하기 어렵다. 아이는 가장 하기 편한 말, 즉 갓난아이의 말을 사용할 수 있도록 구강(입속) 구조를 만든다. 특히 '응'은 아이에게 가장 편한 발음이다. 아이들이 웅얼거리듯 'ㅇ' 발음을 자주 사용하는 이유는 그 때문이다. 아이가 웅얼거리듯 말하는 것을 보고 "그게 뭐니? 강아지야?"라고 말하면 '내 말은 통하지 않는 건가?' 하고 불안해한다. 엄마뿐만 아니라 아빠도 부끄러워하지 말고 어린아이 같은 말을 같이 사용해보자.

가족만의 언어를 만든다

가족끼리만 알아들을 수 있는 언어는 신뢰 관계를 만들어준다. 예를 들면 사투리나 청소년들의 언어도 마찬가지다. 사투리는 그 지역의 연관성을 나타내고, 청소년들의 언어는 청소년끼리만 통한다는 이유에서 연대감을 만들어준다.

우리 딸아이는 나를 '마미(마마를 바꾼 말)', 남편을 '파피(파파를 바꾼 말)'라고 불렀다. 다른 사람이 들으면 부끄러울 때도 있지만 유일무이한 가족이라는 사실을 느낄 수 있는, 행복을 주는 단어라고 생각한다.

성별에 따라 다른 대화법을 사용한다

여자아이는 미래를 보면서 살고,
남자아이는 지금 이 순간을 산다.

여러분의 자녀는 남자아이인가? 여자아이인가? 아니면 둘 다 있는가? 지금까지 대화의 비결을 간략하게 설명해왔는데, 사실 남자아이, 여자아이에 따라 약간의 차이가 있다.

여자아이와는 정서적으로 대화하는 것이 좋다.

예를 들어 빗속에서 뛰지 말라고 주의를 줄 때는,

"비가 내릴 때 뛰어다니다가 미끄러져서 넘어지면 머리를 '쾅!' 하고 다칠 수 있기 때문에 위험해."

이런 식으로 의태어, 의성어, 형용사 등을 사용하면 전달하기 쉽다.

남자아이는 합리적, 과학적으로 이야기하면 이해하기 쉽다.

"물이 있으면 미끄러워. 욕조도 미끄럽잖아. 비가 올 때도 마찬가지기 때문에 뛰다가 넘어질 수 있어."

이런 식으로 근거를 축으로 삼아 이야기하면 쉽게 이해한다.(달리고 달리지 않고는 별개의 문제지만.)

또 여자아이에게는 영상적, 감각적으로 이야기하면 쉽게 전달된다.

"빨간 지붕이 보일 때 오른쪽으로 꺾어지면 커다란 간판 옆에 제과점이 있어."

한편, 남자아이에게는 사실 관계나 도형, 숫자를 사용하면 전달하기 쉽다.

"역 방향으로 10미터 가다가 ○○아저씨 집에서 오른쪽으로 꺾어져서 세 번째 집이 제과점이야."

이런 식으로 사용하는 언어를 약간만 바꾸어주면 된다.

남자아이는 외계인이라고 생각한다

"아들의 마음을 전혀 모르겠어요."

"우리 아들은 진짜 엉뚱해요."

이런 상담을 자주 받는다. 아들 문제로 고민하는 엄마들은 정말 많이 있다.

여자아이는 앞을 내다본다. "이런 행동을 하면 나중에 위험해진다."라고 예측할 수 있다는 것이다. 즉, '여기에서 뛰면 넘어진다→넘어진다는 사실을 알고 있기 때문에 뛰지 않는다'는 사고를 할 수 있다.

하지만 남자아이는 '정말 넘어질까?' 하고 생각하지만 일단 시도를 해본다. "그래서 아까 뛰지 말라고 했잖아!"라고 부모가 야단을 쳐도 아무런 효과가 없다. 몸으로 기억하려고 하기 때문이다. 그런 면에서는 여자아이 쪽이 현명해 보일 수도 있다.

남자아이의 매력은 그 정체를 알 수 없다는 데 있다.

갑자기 나뭇가지나 공벌레를 모으거나 눈에 보이지 않는 적과 싸우거나 야한 말을 중얼거리는… 이해하기 어려운 행동을 한다. 하지만 어떻게든 엄마의 눈길을 끌기 위해 필사적으로 행동한다. 즉, 단순하고 요령이 없어 보인다.

하지만 고민하지 말고 그저 자신과의 차이를 즐기는 마음으로 상대하면 된다.

여자아이는 엄마와 같은 성이기 때문에 서로 마음이 잘 통해서 발달이 빠르다. 그리고 무의식적으로 서로 공감할 수 있는 언어를 사용한다. 따라서 남자아이는 아빠와 대화가 더 잘 통할 수 있다.

남자아이의 느린 성장에 초조한 마음이 들 수도 있지만 걱정하지 않아도 된다. 고등학생 정도가 되면 몸과 마음이 갑작스럽게 성장한다. 지금은 '저장'하는 중이라고 생각하고 그 귀여운 언행을 마음껏 즐기도록 하자!

3장

센스 있는 엄마의 상황별 대화 비결

- 실천편 -

오늘 발생한 사건이 궁금할 때

추상적인 질문보다 구체적인 질문으로!

✕ 부모 "오늘은 유치원에서 어땠니?"

아이 "그냥 그랬어."

○ 부모 "오늘 소꿉장난했니?"

아이 "응, 했어."

부모 "그래? 재미있었겠다. 누구하고 했는데?"

POINT

- 추상적인 질문은 피한다.
- 알고 싶은 내용을 명확하게 정하고 질문한다.

"오늘은 학교에서 어땠어?"

이런 질문은 아이를 대답하기 어렵게 만든다. 이런 질문을 하는 이유는 부모 자신이 무엇을 물어볼 것인지 명확하게 정하지 않았기 때문이다. 따라서 질문이 애매해지고 아이는 대답하기 어려워진다.

앞에서 설명한 대로 캐묻는 것은 기본적으로 좋은 질문

이 아니다. 아이가 하고 싶은 말을 한 뒤에(감정, 마음을 충분히 받아준 뒤에) 질문을 해야 한다. 방법은 다음과 같다.

① 궁금한 내용을 명확하게 정한다.
② 4W1H를 이용해 구체적으로 질문한다.

궁금한 것 - 급식을 남기지 않고 먹었는가

✕ "오늘 급식은 어땠니?"

○ "급식 메뉴는 뭐였니? 남기지 않고 먹었어?"

궁금한 것 - 운동회 연습은 잘 되고 있는가

✕ "운동회 연습은 잘 하고 있니?"

○ "계주는 연습할 때 몇 등 했니?"

궁금한 것 - 친구와 사이좋게 놀았는가

✕ "친구와 사이좋게 놀았니?"

○ "오늘은 누구하고 그네타기 했니?"

이처럼 궁금한 것을 명확하게 정하고 '무엇을, 어디에서, 누구와, 언제, 어떻게'를 사용하면 구체적인 질문이 된다. 그리고 아이가 신이 나서 이야기를 하면 방해하지 말고 귀를 기울인다. 즉, '수긍을 하고 아이의 말을 되풀이하는' 비결을 적용하는 것이다.

아이는 "어떤 기분이었어?", "왜 그래?"라는 질문에는 어떻게 대답해야 좋을지 모르기 때문에 피하려고 한다.

한편, 아이가 가끔씩 철학적이고 창의적인 표현을 하는 경우가 있다. 그래서 부모도 그런 답을 기대하기 쉽지만 사실 그런 말은 일 년에 한두 번 정도다. 따라서 마치 심문하듯 "그래서? 어떤 기분이었는데?"라고 질문하지는 말자.

답변을 선택할 수 있는 질문을 한다

아이가 답변하기 쉽게 양자택일형 질문을 해도 좋다.

부모 "오늘 운동회 연습은 계주였니? 아니면 혼자 달리기였니?"

아이 "혼자 달리기였어."

부모 "그래? 그랬구나. 오늘은 몇 등을 했는데? 1등? 아니면 2등?"

이런 식으로 답을 고르도록 질문을 하는 것이다.

밖에서 시끄럽게 굴 때

부모의 체면 때문에 꾸짖는 건 안 된다.

× "뛰지 말라니까!"
"조용히 좀 해!"

○ "(다른 손님들에게) 죄송합니다! (아이에게) 뛰어다니면 재미있지? 하지만 여기는 음식점이니까 조용히 해야지."

POINT

- 주변에 피해를 끼치면 사람들에게 즉시 사과한다.
- 아이의 행동을 인정한 뒤에 사회 규칙을 가르친다.

음식점이나 전철 안에서 "조용히 좀 해!", "떠들면 안 돼!", "다른 사람들에게 피해주잖아!" 하고 지시나 금지를 하는 부모들을 흔히 볼 수 있다. 이것은 모두 NG다. 지시를 할 때는 말을 들을지 모르지만 아이 스스로 '여기에서는 조용히 있자!'라고 생각하고 행동하지는 않는다.

또한 부모의 체면을 유지하기 위해 다른 사람 앞에서 아이를 꾸짖는 것이라는 이미지를 심어줄 수 있다. 즉, 교육을 제대로 시키지 못하는 부모라는 말을 듣기 싫으니까 "나는 잘못한 것이 아니야."라고 어필하기 위해 꾸짖는 것이다. 이것은 아이의 자기 긍정 의식을 육성하는 부모의 역할에서 한참 벗어난 행동이다.

소란을 피울 가능성이 있는 아이를 음식점에 데려간 사람은 부모니까 당연히 부모가 사과해야 한다.

이것이 첫 번째 핵심 포인트다.

"시끄럽게 해서 죄송합니다!"

이런 식으로 부모가 사과를 하면 아이는 '이럴 때에는 사과를 하는 것이구나.' 하고 조금씩 이해할 수 있고, 부모가 사과하는 모습을 보면 마음이 슬퍼지기 때문에 '엄마, 아빠가 사과하지 않도록 해야지.' 하고 생각하게 된다.

아이의 행동을 인정해준 뒤에 사회의 규칙을 가르쳐준다.

주변 사람들에게 사과를 했으면 다음에는 아이의 행동을 일단 인정해준다.

- 뛰어다니는 것
- 큰소리를 내는 것
- 여기저기 호기심을 보이는 것

이것은 본래 아이들에게 당연한 행동들이다. 그렇기 때

문에 그 행동을 일단 인정해준다. 그 이후에 사회 규칙을 가르친다.

"뛰어다니는 걸 보니 ○○는 정말 건강하네. 하지만 여기는 음식점이야. 식사를 하는 곳에서는 얌전히 있어야 해."

"역시 ○○는 목소리가 우렁차서 좋아. 하지만 병원은 아픈 사람들이 있는 곳이니까 조용히 있어야 되는 거야."

이처럼 아이의 건강한 행동을 일단 인정해준 뒤에 사회 규칙을 가르치는 것이다. 아이는 자신의 행동이나 생각을 인정받으면 상대(부모나 사회)의 기분이나 말도 이해하게 된다. 가끔 꾸짖는 육아 방식은 나쁘다는 이유로 전혀 주의를 주지 않는 부모가 있는데, 이것은 그야말로 몰상식한 행동이다. 이 점도 꼭 기억해야 한다.

생명과 관련이 있을 때는 또 다른 문제다. 교통량이 많은 도로나 주차장에서 뛰어다니거나 소란을 피우면 즉시 "그러면 안 돼! 하지 마!" 하고 단호하게 주의를 주어야 한다. 생명과 직결된 중요한 상황이기 때문이다. 이런 상황에서 사회 규칙을 느긋하게 설명하다가는 사고를 당할 우려도 있다. 그래서 평소 상황에 따라 표정이나 성량에 차이를 두는 것이 좋다.

숙제를 하라고 말하고 싶을 때

숙제할 타이밍은 아이 스스로 정하게 한다.

✕ 부모 "숙제해야지!"

아이 "(아, 또 잔소리야.)"

○ 부모 "숙제는 몇 시부터 할 거니?"

아이 "글쎄…, 5시부터 하고 싶은데…."

부모 "오케이! 그럼 5시까지 실컷 놀아!"

POINT

- "숙제해야지!"라고 강하게 말해도 아이는 숙제를 시작하지 않는다.
- 숙제를 할 타이밍을 아이 자신이 정하게 한다.

"숙제를 성실하게 하는 아이로 만들려면 어떻게 해야 할까요?"

초등학생 아이를 두고 있는 부모들에게서 많이 들을 수 있는 질문이다. 물론 "숙제해야지!", "숙제했니?"라는 강요나 질문은 좋지 않다. 지시를 받아서 숙제를 한다고 해도 스스로 '숙제하고 싶다'고 생각하지 않으면 의미가 없다.

아이가 규칙을 정하고 부모는 그것을 존중해야 한다.

즉, '숙제는 몇 시부터 시작할 것인가' 하는 것을 아이가 스스로 결정하게 하는 것이 중요하다.

"숙제는 몇 시부터 할 거니?"

"짧은 시곗바늘이 5를 가리키면 시작할 거야?"

"밥 먹기 전에 할 거야, 아니면 밥 먹고 할 거야?"

"놀기 전에 할 거야? 아니면 놀고 나서 할 거야?"

이런 식으로 질문을 던져서 "놀고 나서 할 거야!"라고 아이가 결정하면 그 의견을 존중한다. 스스로 결정했다고 느끼게 하는 것이 핵심 포인트다. 그리고 아이가 한 차례 놀고 난 뒤에, "놀고 나서 숙제한다고 했지? 자, 이제 숙제해야지! 파이팅!" 하고 의욕을 북돋우는 말을 해준다. 부디 "네가 그렇게 한다고 했잖아!"라는 식으로 탓하는 말투는 사용하지 말자. 이런 말은 아이의 의욕을 떨어뜨린다.

칭찬을 준비해둔다

숙제를 했을 때 칭찬이 기다리고 있다면 더욱 좋다. '좋아하는 만화영화를 볼 수 있다'거나 '평소보다 오랜 시간 동안 게임을 할 수 있다' 등도 칭찬의 일종이다.

평소에는 30분이 걸리는 숙제를 아이가 15분 만에 끝냈을 때, 대부분의 부모들은 "그럼 이제 복습을 해야지!" 하는 식으로 추가 과제를 제시한다. 이것도 좋지 않다. 그렇게 되면 아이는 다음부터 어떻게든 30분을 다 써서 숙제를 하려고 한다. '숙제를 빨리 끝내면 즐거운 일이 기다리고 있어!'라고 생각하게 만드는 것이 중요하다.

어떤 아이가 글짓기 숙제를 하게 되었다. 빨리 끝내기는 했는데, 글씨가 엉망이었다. 그것을 본 부모가 화가 나서 모두 지워버리고 처음부터 다시 쓰라고 지시했다. 전형적인 NG 사례다. 아마 아이는 다음부터 숙제를 하고 싶지 않을 것이다. 이때는 우선 숙제를 빨리 끝냈다는 사실을 인정해주자. 그리고 하나라도 정성 들여 쓴 글씨가 있다면 그 부분을 칭찬해준다.

"벌써 다 했어? 그럼 더 오랫동안 만화를 볼 수 있겠는데.", "어머, 이 글자는 정말 예쁘게 잘 썼네!"라고 말을 건넨다. 그렇게 하면 이런 흐름이 만들어진다.

숙제를 하면 엄마가 기뻐한다.

빨리 끝내면 칭찬이 기다린다.

글씨를 깨끗하게 쓰면 더 큰 칭찬을 받는다.

무슨 일이든 순서를 밟는 것이 중요하다. 갑자기 완벽한 숙제를 바라지는 말자.

부모 중에는 "칭찬을 받기 위해 숙제를 하면 어떻게 하지?" 하고 걱정하는 사람도 있다. 하지만 걱정하지 않아도 된다. 아이는 부모가 생각하는 것보다 훨씬 영리하다. 시간이 흐르면 숙제를 하는 진정한 의미를 자연스럽게 이해할 것이다.

- 선생님이나 친구들에게 칭찬을 받는다.
- 야단을 맞지 않는다.
- 시험 문제를 잘 풀 수 있다.
- 자기는 공부를 잘한다고 생각한다.

이런 경험을 쌓아나가기 때문이다. 부모가 지켜보는 상황에서 아이는 이렇게 다양한 경험을 한다.

아이의 입장에서 볼 때, 칭찬은 게임이나 TV 시청만이 아니다. 칭찬을 받기 위해 준비한다는 것은 '숙제를 하는 목적을 생각하는 습관을 갖추어가는' 것이다.

아무리 해도 숙제를 하지 않는 아이

부모가 아무리 노력해도 숙제를 하지 않는 아이가 있다면 "엄마하고 같이 숙제하자!" 하고 말해보자. '엄마하고 같이 숙제라는 적과 맞서 싸우자'는 이미지를 주는 것이다. '아이 vs 숙제 & 엄마'라는 구도를 만들면 안 된다. '아이 & 엄마 vs 숙제'라는 구도를 만들어야 한다.

연필을 쥐고 책상 앞에 앉는 것만으로도 칭찬을 해주자.

숙제를 하게끔 하는 것이 목적이 아니라 하고 싶은 마음을 가지게 하는 것이 목적이기 때문이다.

그래도 숙제를 하지 않는 아이에게는, "숙제를 하지 않은 이유를 선생님에게 어떻게 설명할지 엄마하고 같이 생각해보자.", "집안일을 돕느라고 숙제를 못했다고 말할까?" 등으로 말해보자. 숙제를 하지 않는 너를 엄마는 이해한다. 하지만 사회(학교)에서는 절대로 인정하지 않는다는 현실을, 함께 어떤 변명을 해야 좋을지 생각하는 과정을 통하여 아이가 이해하도록 만드는 것이다.

아이의 응석을 너무 받아주는 것이 아니냐는 의견이 나올 수 있지만 열 살까지는 어디까지나 있는 그대로의 모습을 인정해주는 것이 가장 중요하다.

또 "그러다가 계속 숙제를 하지 않는다면…?" 하는 불안감이 느껴질 수도 있지만 아이는 단점을 포함하여 있는 그대로를 엄마가 인정해주고 있다는 사실을 이해하면 어떤 계기에 의해 갑자기 자발적으로 숙제를 하게 된다.

함께 책가방을 연다

초등학생이 되면 숙제가 나온다. 아이가 숙제는 '하고 싶지 않지만 해야 하는 것'이라고 생각하지 않도록 지도해야 한다. 처음이 중요하다!

그래서 유치원생이나 초등학교 1학년 때부터 집으로 돌아오면 함께 가방을 열어보는 것을 습관화해야 한다. 함부로 열어보는 것과는 의미가 다르다. 아이의 책가방은 존중해야 한다. 또 엄마가 함부로 열어보면 내일 필요한 물건들도 알아서 준비해줄 것이라고 오해하는 경우도 있다.

따라서 아이와 함께 가방을 열어보고 이런 식으로 대화

를 진행한다.

"체육복이 나왔네. 그럼 세탁을 해야겠지?"

"오늘 숙제는 뭘까?"

"안내문이 있네. 수업을 참관하라는 안내문이구나. 잘 가지고 와서 고마워."

체육복을 세탁한다. 숙제를 한다. 안내문을 건네받는다. 이처럼 집으로 돌아오면 해야 할 일을 조금씩 이해하게 만드는 것이다. 그 과정을 통하여 아이는 깨끗한 체육복을 학교에 가지고 갈 수 있다. 숙제를 잊지 않고 끝낼 수 있다. 그리고 엄마가 안내문을 보고 수업을 참관하러 온다. 이런 부분들을 경험으로 느끼는 것이다.

책가방에서 구깃구깃 엉망으로 구겨진 안내문이나 시험지가 나왔을 때, "이게 뭐니? 엉망으로 구겨졌잖아!"라는 식으로 화를 내면 다음부터는 책가방을 엄마와 함께 열어 보지 않으려 한다.

아이가 학교에서 돌아오면 우선 책가방을 열고 오늘 해야 할 일을 확인하는 습관을 갖추게 하는 것이 중요하다. 그리고 고학년이 될 때까지는 스스로 책가방을 열고 해야 할 일을 할 수 있도록 여유 있는 마음으로 지켜보면서 지도해주어야 한다.

정리를 하라고 말하고 싶을 때

정리하고 싶은 건 부모의 마음일 뿐이다.

✕ 부모 "정리 좀 해!"

"방이 왜 이렇게 지저분해?"

아이 (아, 귀찮아!)

○ 부모 "자, 엄마하고 정리하자!"

"인형은 위에서 두 번째 상자에 담아야지."

POINT

- "자, ○○하자!"를 사용한다. 지시를 할수록 정리는 하지 않게 된다.
- 장난감이나 책을 두는 장소를 함께 확인하면서 정리한다.

"정리 좀 해!"

부모들이 가장 많이 사용하는 말이다.

내게도 많은 부모들이 찾아와 "정리를 잘하는 아이로 키우려면 어떻게 해야 좋을까요?"라는 질문을 한다. 많은 부모들이 아이의 정리 습관 문제로 고민을 하고 있다.

일단, 아이는 '정리'를 하는 방법을 모른다.

이 부분부터 이해하자. 예를 들어 여러분이 "내일 쿠키를 만들어 오세요."라는 말을 듣는다면 어떨까? 대부분 난처한 표정을 지을 것이다. 한 번쯤 쿠키 만드는 방법을 배워야 가능한 일이니까.

그리고 또 "다음에도 쿠키를 만들어 오세요. 지난번에 배웠으니까 할 수 있겠죠?"라는 말을 듣는다면? 한 번 배우기는 했지만 아직 혼자 만들기는 무리라고 생각한다면 당황할 것이다.

아이의 입장에서 볼 때 정리도 마찬가지다. 배운 적이 없기 때문에 정리하라는 말을 들어도 무엇을 어떻게 해야 좋을지 모르고 한 번 가르쳐준다고 해도 다음부터 쉽게 할 수 있을 리 없다.

그렇다면 어떻게 말해야 할까?

"자, 엄마하고 같이 정리하자!"라고 말해줘야 한다.

여기에서도 "자, ○○하자!"를 사용한다. 그리고 하나씩 장소를 확인하면서 정리를 한다.

"로봇은 이 상자에 담고 책은 책장에 넣고…."

이런 식으로 함께 확인하면서 부모가 정리를 해준다.

그 과정을 통하여 아이는 어디에 무엇을 넣으면 되는지 이해할 수 있고 조금씩 스스로 정리하는 습관을 갖추게 된다.

아이가 어지럽힌 장난감은 아이가 치워야 한다고 생각하는 부모가 많은데, 이것은 시간이 좀 흐른 뒤의 이야기다. 정리를 하고 싶은 사람은 부모일 뿐, 아이는 가능하면 가지고 놀았던 장난감을 그대로 놓아두려 하기 때문이다.

"하지만 치워주는 습관을 들이면 나중에 정리를 할 줄 모르는 사람이 되는 것은 아닌지…."

이런 걱정을 하는 부모도 있다. 아이가 없을 때에 부모 혼자 치우는 것은 당연히 의미가 없다. 하지만 아이와 함께 정리를 하는 것은 괜찮다.

"이렇게 어지럽히면 어떻게 하니?" 하고 화를 내면서가 아니라, "인형은 위에서 두 번째 상자에 넣자."라는 식으로 즐겁게 대화를 나누면서 장난감 보관 장소를 지정한다. 아이는 그 모습을 잘 보고 기억할 것이다.

'나는 정리를 잘해.'라고 생각하게 만든다

만약 아이가 열심히 정리하고 있다면 최대한 칭찬을 해준다. 다섯 권짜리 책을 정리하는 간단한 일이라도 최대한 칭찬을 해주어야 한다. 그렇게 하면 아이는 '나는 정리를 잘해.'라고 생각하게 된다.

그리고 다음부터는 "책 정리 선수님, 잘 부탁드려요!"라는 식으로 부탁을 하면 시간은 걸리더라도 아이는 즐거운 마음으로 정리를 할 것이다. 그럴 경우 "엄마는 인형을 정리할 테니까 누가 빠른지 시합해보자!"라는 식으로 재미를 부추기고 하나하나 순서대로 치울 수 있도록 유도한다.

부디 "결국 엄마가 다 치웠네."라는 말은 하지 않도록 주의한다. 그런 말은 아이가 나름대로 열심히 노력한 것에 대한 의미를 퇴색시켜버린다.

정리된 방의 모습을 보여준다

마지막으로는 정리된 방을 함께 확인한다. 이것이 굉장히 중요하다. 아이는 '정리된 방'이 어떤 상태인지 이해하지 못하고 있기 때문이다.

"방이 깨끗하면 기분이 좋지?"

"또 여기에서 마음껏 노는 거야."

이렇게 깨끗하게 정리된 방에서 마음껏 놀 때의 상쾌한 기분을 확실하게 말로 전달해주는 것도 좋다.

가끔 "함께 정리를 한 지 1년이 지났는데도 아직 혼자서는 정리를 할 줄 몰라요."라는 상담을 받는다. 그럴 때 나는 "영어를 몇 년을 배워야 능숙하게 구사할 수 있을까요?" 하고 질문한다. 정리도 마찬가지다. 10년 동안은 함께 정리하도록 하자.

10년이라는 말에 놀라는 부모들도 있을 것이다. 하지만 이런 기분 좋은 보고도 있다. 깨끗하게 정리된 방보다 어제 놀았던 장난감들이 그대로 흐트러져 있는 쪽이 아이의 전두엽을 활발하게 만들고 놀이에 대한 연구심이 향상된다는 보고다. 따라서 아이가 어릴 때는 신경질적으로 "정리 좀 해!"라고 화를 낼 필요는 없어 보인다.

시간 감각을 갖추도록 하고 싶을 때

아이에게는 시간 감각이 없다.

× "벌써 30분이나 지났잖아!"
"한 시간 전부터 말했잖아!"

○ "누가 옷을 더 빨리 갈아입나 시합하자! 긴 시곗바늘이 2에 올 때까지 갈아입을 수 있겠어? 누가 빨리 옷을 갈아입나 보자."
"짧은 시곗바늘이 8에 오면 자는 거야."

POINT

- 아이는 시간 감각이 없기 때문에 시간을 언급하며 주의를 주어도 의미가 없다.
- 아날로그시계를 준비해둔다. 바늘의 위치를 사용하여 설명한다.

"우리 아이는 시간 감각이 전혀 없어요."
상담에서 정말 자주 들을 수 있는 말이다.
일찍 일어나면 좋을 텐데 잠을 자지 않는다. 옷을 갈아입는 데 1분이면 끝날 수 있는데 30분이나 걸린다. 이렇게 아이의 시간 감각 때문에 초조해하는 부모들은 많이 있다.

그렇다!

아이에게는 시간 감각이 없다.

그렇기 때문에 "벌써 30분이나 지났잖아!", "한 시간 전부터 말했잖아!"라는 말은 효과가 없다. 내가 권하고 싶은 방법은 아날로그시계를 보면서 함께 계획을 세우는 것이다.

"긴 시곗바늘이 6에 오면 출발하자!"
"짧은 시곗바늘이 한 바퀴 돌면 만화영화가 시작될 거야."
"짧은 시곗바늘이 8에 오면 자는 거다."

이런 식으로 조금씩 시간 감각을 갖추게 하자.

스케줄을 세워보자

초등학생이라면 도화지에 일주일 동안의 스케줄을 세우는 것도 좋은 방법이다. 학교에서의 수업 시간과는 별도로 아침에 일어나서 등교할 때까지 시간을 사용하는 방법, 귀가한 뒤부터 잠이 들 때까지 시간을 사용하는 방법 등을 아이 자신이 정하게 하면 꽤 열심히 노력한다. 또 시간을 보이는 형태로 만들기 때문에 전체를 확인할 수 있고 시간 감각도 갖추게 된다.

단, 그대로 실행하지 못했을 경우에 "이것 봐. 예정표에는 TV를 보는 게 아니라 공부를 하는 것으로 되어 있잖아!"라는 식으로 지적해서는 안 된다.

예정대로 실행하는 것이 목적이 아니다. 시간을 사용하는 방법을 생각하는 계기로 활용하기 위해서다.

TV 시청이나 게임을 그만하라고 말하고 싶을 때

금지하면 아이는 더 하고 싶어 한다.

✕ 부모 "게임 좀 그만해!"
"TV 끄라니까!"

○ 부모 "게임 재미있지? 몇 시까지 할 거야?"
아이 "3시까지 하고 싶어."
부모 "오케이. 짧은 시곗바늘이 3에 오면 그만하는 거다."
(3시가 되면) "우리 ○○는 집중력이 정말 좋구나! 3시 됐는데 모를 정도라니!"

POINT

- 금지하면 할수록 아이는 하고 싶어 한다.
- 아이가 규칙을 정하게 한다.

우선 TV나 게임은 아이에게 나쁜 영향을 끼치는 것일까? 예전에 미국에서 어릴 적 TV를 많이 본 사람의 학력이 낮다는 연구 결과가 발표되어 그 사고방식이 우리에게

침투되었다. 하지만 미국의 소아과학회가 다시 조사해보았더니 TV가 아이의 성장을 방해하는 것이 아니라 아이에게 TV를 자주 시청하게 하는 가정은 모든 면에서 무관심하다는 실태가 밝혀졌다. 즉, 아이에게 TV를 자주 시청하게 하는 가정은 공부를 할 수 있는 환경이 갖추어져 있지 않고, 규칙적인 생활을 하지 않으며, 영양가 있는 음식을 제공해주지 않는 경향이 있다는 것이다.

이런 식으로 TV 자체가 아이에게 나쁜 영향을 끼친다고 보기는 어려운 결과가 나왔는데도 불구하고 우리는 아직도 그런 사고방식에 갇혀 있다.

또 게임을 잘하는 아이 쪽이 다양한 능력이 있다는 연구 결과도 나왔다. 신경질적으로 게임을 부정하는 사람이 있는데, 사실은 그렇게 나쁜 것이 아니라는 뜻이다.

단, TV나 게임에 아이를 맡기는 행동은 안 된다.

친구들과 수다를 떨고 싶다거나 스마트폰을 사용해서 인터넷 검색을 하고 싶을 때처럼, 어른들이 하고 싶은 일을 하기 위해 아이를 TV나 게임에 맡기는 일이 거듭되면 아이의 커뮤니케이션 능력을 떨어뜨릴 수 있다. 또 아이 자신이 '숙제를 하기 싫다'는 이유로 TV나 게임에 몰입하는 것도 주의해야 한다. 이것은 의존이라고 할 수 있다. 현실을 도피하기 위한 수단으로 의지하는 것이다.

아이가 규칙을 만든다

TV를 시청하거나 게임을 하는 도중에 갑자기 "그만해!"라고 말해도 역효과일 뿐이다. 우선, TV 시청이나 게임을 시작하기 전에 끝낼 시간 등의 규칙을 함께 정하자. "숙제 끝내지 않으면 게임은 못 해!"가 아니라 "게임은 몇 시간 할 거니?" 하고 아이 자신이 시간을 정하도록 질문한다.

라스트신이나 클라이맥스에서 강제로 그만두게 하는 것도 안 된다. 욕망이 채워지지 않아 계속 'TV 보고 싶다!', '게임하고 싶다!'는 생각만 하기 때문이다. 만약 그만두지 않고 계속 TV나 게임에 매달린다면 "○○는 재미있는 것 같은데 엄마는 네가 게임하는 게 싫어."라고 아이(I) 메시지로 말한다. 그리고 세상에는 TV나 게임보다 훨씬 재미있는 것, 흥미를 끄는 것들이 많다는 사실을 아이와 함께 돌아다니며 체험하게 해주는 것도 좋은 방법이다. 그렇게 하면 예상보다 빨리 게임에 흥미를 잃을 것이다.

물건을 사달라고 떼를 쓸 때

무조건 무시하지 말고 진지하게
속마음을 들여다본다.

✕ 아이 "카드게임 사줘요!"

부모 "네 나이가 몇 살인데 카드게임을 사달라는 거니? 그런 건 하면 안 돼."

"그런 돈 없어."

○ 아이 "카드게임 사줘요!"

부모 "그래, 카드게임 사줄게! 카드게임을 하고 싶었구나!"

POINT

- 아이의 떼를 무조건 부정하지 않는다. 우선 아이가 원하는 마음을 받아들인다.
- 떼는 부모를 시험하는 것일 수도 있으니 아이의 진심을 파악한다.

아이가 "저거 사줘!", "저거 갖고 싶어!" 하고 떼를 써서 애먹었던 적이 있을 것이다. 장난감 매장은 기본적으로 즐거운 장소이지만 때로 참극이 발생하는 전쟁터가 되는 경우도 있다.

우선 아이가 원하는 것을 무조건 "안 돼!"라고 하지 말고 "그래? 그거 좋아 보인다." 하고 일단 받아들인다. 그리고 왜 좋아 보이는지 그것을 주제로 아이와 구체적으로 대화를 나눈다.

"그래. 이 빨간색은 확실히 예쁘다! 이 예쁜 걸 알아보다니, ○○는 정말 대단해!"

"○○가 가지고 있는 요요하고는 뭐가 다를까?"

"이게 다른 장난감과 비교했을 때 더 좋은 점이 뭐라고 생각하니?"

이렇게 아이가 원하는 대상에 부모가 흥미를 가지는 것으로 아이의 욕구가 충족된다.

나아가 부모를 납득시킬 수 있는 프레젠테이션 능력도 갖추어진다. "이거 사줘!"라고 말할 때에는 항상 이유를 설명해야 한다는 사실을 이해하면 아이 본인도 정말로 원하는 것을 구분할 수 있다.

대화를 나누는 동안에 그렇게 가지고 싶은 것은 아니었

는데, 순간적으로 욕심이 났던 것이라는 사실을 깨닫는 경우도 있다.

한편, 부모와 아이가 모두 납득을 하고 장난감을 구입하면 그것을 소중히 여기도록 지도한다.

이런 과정을 반복하면 부모를 납득시킬 수 있는 대상, 자신이 정말로 소중히 여길 수 있는 대상만 원해야 한다는 식으로 아이도 스스로를 자제할 수 있다.

"저거 사줘!", "저거 갖고 싶어!" 하는 아이의 말은 무조건 무시하지 말고 진지하게 대해야 한다.

값비싼 상품인 경우에는 더 신중하게 대화를 나눈다. 우선, "아, 저걸 가지고 싶구나." 하고 인정을 한 뒤에 값비싼 상품이라는 사실을 아이가 이해하기 쉽게 설명해주고 의논을 한다.

"이건 아이스크림 700개 정도로 비싼 장난감인데, 어떻게 하면 좋을까?"

"이걸 살 돈이면 카드게임 500장을 살 수 있는데, 어떻게 하면 좋을까?"

이렇게 평소에는 "그래, 그러자!" 하고 요구를 들어주는 엄마로부터 구체적인 상담을 받으면 아이도 진지하게 생각하게 된다.

"저거 사줘!", "저거 갖고 싶어!" 하고 끈질기게 떼를 쓸 때는 친구들이 가지고 있기 때문에 자기도 가지고 싶어 하는 경우도 있다. 또 친구들에게 따돌림을 당하고 있는 SOS 신호일 수도 있다.

"아, 저걸 가지고 싶구나! ○○도 가지고 있니?"
"흐음, 저거 학교에서 유행하는 거니?"

이런 식으로 그 물건을 아이가 가지고 싶어 하는 이유를 센스 있게 물어보자.

관심받고 싶어서 일부러 떼를 부릴 때

부모가 자신에게 신경을 써주기를 바라는 마음에서 떼를 쓸 가능성도 있다. 함께 있어도 스마트폰만 만지작거리는 부모가 "저거 사줘!" 하고 떼를 쓸 때만 스마트폰을 손에서 내려놓고 "안 돼!" 하면서 자신을 바라보고 집중을 한다는 것을 아이도 아는 것이다.

그럴 경우 아이는 '이렇게 말하면 엄마, 아빠가 나한테 신경을 쓰겠지.'라고 생각한다. 그 결과, 부모의 신경을 자신에게 집중시키기 위해 계속 떼를 부리는 것이다.

따라서 떼를 쓸 때보다 착한 행동을 했을 때 더 집중해서 반응해야 한다.

그 결과, 아이는 '착하게 행동하는 게 이익이야.' 하고 생각할 것이다.

밥을 먹지 않을 때

식사를 해야 하는 이유를 차분히 설명한다.

× "빨리 먹어!"
"반찬 투정하면 안 돼!"
"피망도 먹으라니까!"

○ "자, 엄마랑 같이 밥 먹자!"
"이거 정말 맛있지?"
"빨리 크려면 잘 먹어야지."
"억지로 먹지 않아도 돼."

POINT

- 무리해서 먹이지 않아도 된다. 우선 식사가 즐거워지는 대화를 한다.
- 싫어하는 반찬을 강요하는 말투는 사용하지 않는다.

아이가 싫어하면 무리해서 먹일 필요는 없다. 지금 그 음식을 먹지 않아도 아이는 잘 자란다. 하지만 식탁에는 반드시 함께 앉아야 한다. "먹기 싫으면 저리 가서 놀아."는 금물이다. 음식을 먹지 않더라도 가족이 함께 식사를 하는 의미와 즐거움을 아이가 실감하는 것이 중요하다. 따라서 "밥 먹어!"는 "자, 엄마랑 같이 밥 먹자!"로 바꾸어야 한다.

식사 시간은 영양만을 섭취하는 시간이 아니다.

또 식사를 하는 의미를 전하는 것도 좋은 방법이다.

- 몸을 튼튼하게 하기 위해
- 깨끗한 피부를 만들기 위해
- 머리가 좋아지기 위해

무턱대고 "밥 먹어!"라고 지시하는 것보다 훨씬 설득력이 있다. 그런 말을 할 때 "반찬 투정하면 키가 안 자라는 거야."보다는 "야채를 먹으면 건강해질 수 있대!" 등으로 긍정적으로 전해야 아이는 더 순수하게 받아들인다.

가리는 음식을 정하지 않는다

아이가 어떤 음식을 너무 먹지 않거나 반찬을 가리면 자기 탓이 아닌가 하는 고민 때문에 자기도 모르게 "먹으라니까!" 하고 화를 내는 부모가 있다.

그 마음은 충분히 이해하지만 "피망 좀 먹어!"라고 지시하는 말도, "피망은 싫어하는구나." 하고 정해버리는 말도 안 된다. 물론 "넌 음식을 너무 가려."라는 말도 안 된다.

다른 사람에게 지적을 받으면 싫어하는 감각이 강조되어 자신이 느끼는 것 이상으로 그 음식을 싫어하게 된다.

따라서 먹지 않는 음식이라도 일단 식탁에 내놓는다. 부모가 맛있게 먹으면 아이도 싫어했던 음식이지만 먹어본다. 아이의 기호는 짧은 시간에 바뀔 수 있기 때문이다.

아이가 싫어했던 음식을 처음으로 먹었을 때는 "이제는 피망도 먹고, 많이 컸네." 하고 칭찬을 해주자. 그리고 그날부터 지금까지와 마찬가지로 조금씩 피망을 식탁에 내놓자.

그러다 피망을 먹지 않는 날이 있더라도 "지난번에는 먹었잖아. 그런데 왜 안 먹어?"라고 비난하지 말고 부모가 맛있게 먹어 보인다. 그러면 다시 먹게 된다. 초등학교를 졸업할 정도까지는 조용히 지켜보는 태도가 중요하다.

그리고 같은 재료라고 해도 조리 방법이나 썰기를 바꾸면 뜻밖으로 거부하지 않고 먹는 경우가 있다. "엄마가 오늘은 피망을 예쁘게 만들었어. 맛있어 보이지?"라고 말하면서 식탁에 내놓는 것이다. 그래도 먹지 않을 수 있지만 그런 경우에도 "엄마가 이렇게 애써 만들었는데…."라는 식으로 원망하는 말은 하지 않도록 주의하자.

옷을 빨리 갈아입게 하고 싶을 때

혼자 입었다는 긍정적 생각을 갖게 도와준다.

✕ 아이 "내가 입을래."
부모 "그럼 빨리 갈아입어!"

○ 아이 "내가 입을래."
부모 "혼자 입는다고? 우아, 대단한데!"
"단추도 잘 채웠네!"
(이렇게 말하면서 살짝 도와준다.)

POINT

- 아이가 "내가 혼자 입었어!"라고 느낄 수 있는 말을 선택한다.
- 전부 혼자 입도록 하기보다 부족한 부분은 도와준다.

바쁜 아침 시간에 제대로 준비를 하지 못하는 아이를 보면 초조해진다. 특히 옷을 갈아입는 일은 시간이 꽤 걸린다. 아직 제대로 입을 수 없는데도 "내가 입을래."라고 주장하는 아이에게 "그럼 해봐." 하고 내버려두었다가, 잠시 후에 제대로 입지 못하고 있으면 "아직도 못 입었어?"라고 기분 나쁘게 말하는 패턴! 이런 경우가 꽤 많을 것이다. 대부분의 부모는 100% 도와주거나, 100% 혼자 입도록 내버려 두는 식으로 양자택일을 하기 쉽다.

그러면 어떻게 해야 좋을까? 핵심 포인트는 '아이를 방해하지 않도록 도와주는 것'이다.

- 아이가 셔츠 단추에 집중해 있을 때는 단추를 잘못 끼우지 않도록 밑단을 맞추어준다.
- 아이가 체육복을 입을 때는 머리와 손을 잘 빼낼 수 있도록 소매를 들어준다.
- 위쪽 단추를 채우고 있는 동안에 아래쪽 단추를 채워준다.

이런 식으로 도와주는 것이다. 아이는 전체의 30%만 할 수 있어도 '내가 혼자 입었어!'라고 생각한다. 중요한 점은 아이가 '나 혼자 입을 수 있었다!'라고 생각하게 하는 것이다.

그러니까 도와주었다고 해도 "혼자서도 잘 입네." 하고 칭찬을 해준다. "엄마가 도와줬으니까 그렇지."라는 말은 하지 말아야 한다.

신발도 마찬가지다. “내가 신을 거야!”라고 주장하는 아이를 그냥 바라보고 있는 것이 아니라 신기 쉽도록 도와주거나 한쪽 신발 끈을 묶어주거나 하는 식으로 도와준다. 요리 프로그램에서 어시스턴트 같은 역할이다. 주역은 어디까지나 요리사이지만 프로그램을 순조롭게 진행하려면 어시스턴트의 지원이 있어야 한다.

아이에게는 ‘혼자 해냈다’는 긍정적인 착각이 쌓이도록 해주어야 한다.

아침에 일어나지 않을 때

명령하지 않고 일어나도록 권유를 한다.

✕ 부모 "빨리 일어나야지! 지각하잖아!"

아이 (…아, 시끄러워!)

○ 부모 "자, 엄마랑 같이 일어나자! 오늘은 ○○하고 놀 거지?"

아이 (…응, 일어나고 싶어!)

POINT

- '권유'를 활용해서 기분 좋게 일어나게 한다. 저도 모르게 일어나고 싶은 느낌을 갖게 한다.
- '일어나서 무엇을 할 것인지'까지 전할 수 있으면 더욱 좋다.

"일어나!"

이런 식으로 마치 명령을 하는 듯한 말투를 사용하고 있다면 '권유'를 활용해서 바꾸어본다.

"자, 일어나자!"

"오늘 아침은 네가 좋아하는 프루츠시리얼이야."

"눈이 내렸네!"

"○○와 놀기로 했지?"

이렇게 일어나고 싶은 기분이 들도록 말을 하는 것도 좋은 방법이다.

"○○와 어디에서 놀기로 했어?"

또는 이렇게 아이가 생각해봐야 대답할 수 있는 말을 걸면 잠이 깬다.

부정적인 깨우기는 하지 않는다

"너는 아침마다 왜 이렇게 꾸물거리니?"

"너는 게으름뱅이야!"

이렇듯 부정적인 말로 깨우면 안 된다. 그런 말을 사용할수록 아이는 일어나지 않는다. 앞에서도 설명했지만, '나는 일찍 일어나지 못하는 사람이야.', '나는 아침에 약한 타입이야.'라는 식으로 생각하게 되어 더더욱 스스로 일어나는 습관을 갖추지 못한다. 앞으로의 인생을 위해서도, 즉 아침마다 고생을 하는 사람이 되지 않도록 하기 위해서 부정적인 말은 절대로 사용하지 말자.

아침 30분은 스킨십으로

가능하면 30분 정도 스킨십을 하면서 깨워보자. 피부와 피부의 접촉은 전두엽을 활성화하고 집중력을 높인다. 스킨십으로 잠을 깨우면 아이의 하루가 눈에 띌 정도로 바뀔 테니 반드시 실천해보자.

방식은 간단하다.

다리→엉덩이→배→팔→머리→얼굴의 순서로 부드럽게 천천히 쓰다듬거나 마사지를 해준다. 민감한 얼굴에서 가장 먼 다리부터 시작하는 것이 포인트다. 갑자기 얼굴을 만지면 아이는 싫어한다.

아이들이 출석을 하면 함께 모여 '밀어내기 놀이'를 하는 유치원이 있다. 이것도 스킨십의 일종이다. 스킨십은 부모에게도 기분 좋은 시간이다. 부디 기상 시간 30분 전부터 스킨십을 시작해보자.

밤에 잠을 자지 않을 때

잠자리에 드는 즐거움을 준비해두자.

× 부모 "빨리 자!"

아이 (아직 졸리지 않은데….)

○ 부모 "자, 엄마랑 같이 자자."

"엄마하고 그림책 읽자."

아이 (엄마도 같이 있어!)

POINT

- 잠들기 전의 습관을 만들어둔다.
- 빨리 잠이 들게 하려면 빨리 일어나게 한다.

아이의 입장에서는 "아빠하고 엄마는 재미있는 텔레비전 프로그램을 보고 있으면서 왜 나만 자라고 하는 거야?"라고 생각할 수도 있다. 그렇기 때문에 잠자리에 들 때는 아이와 함께 잠을 자는 것이 최고다. "빨리 자!"가 아니라 "자, 엄마(아빠)랑 같이 자자."라고 해야 한다.

잠들기 전의 습관을 만들어두는 것도 좋은 방법이다.

- 그림책을 읽는다.
- 부드러운 음악을 듣는다.
- 오늘의 사건을 이야기한다.
- 칭찬해준다.

이런 식으로 잠자리에 드는 즐거움을 준비해두자. 침대는 엄마나 아빠를 독점할 수 있는 장소라는 사실을 알면 아이는 기분 좋게 잠자리에 들게 된다.

또 취침 전에 해야 할 일을 정해두면 몸도 '이제 잠자리에 든다'는 사실을 인지하고 편안하게 잠들기 쉽다.

이때 부모는 침대에 누워 30분 동안은 '아이와 함께 편안한 시간을 보낸다'고 생각해야 한다. 아이가 침대에 눕는다고 바로 잠이 드는 것은 아니다. 9시에 재우고 싶으면 8시 30분부터 방을 어둡게 하고 조용히 이야기를 나누는 등 분위기를 만드는 것이 바람직하다.

그래도 잠이 들기 어려운 경우에는 하루의 생활 사이클을 조정한다. 아침 일찍 일어나 낮에 몸을 많이 움직이면 적당히 지쳐 저녁에는 일찍 잠자리에 들 것이다. 낮잠도 약간 줄인다.

잠자리에 드는 최고의 타이밍은 따뜻한 몸이 식을 때다. 욕실에서 나오자마자 잠자리에 드는 것은 피하자.

아이는 왜 일찍 자야 하는 것일까

가능하면 아이를 저녁 8시, 늦어도 9시까지는 잠자리에 들게 해야 한다. 특히 열 살까지의 수면 시간은 매우 중요하다. 저녁 10시부터 새벽 2시까지는 두 가지 호르몬이 분비되는 골든타임으로 불린다. 이 시간대에 침실을 어둡게 하고 잠이 들면 호르몬이 다량 분비된다.

그중 하나는 성장 호르몬이다. 몸을 성장시키고 뇌를 성장시키는 호르몬이다. "잘 자는 아이가 잘 자란다."라는 말 그대로다.

또 하나는 노화 방지 호르몬인 멜라토닌이다. 취침 중에 이 호르몬이 많이 분비되는 아이는 성적 성숙이 억제되지만 호르몬 분비가 제대로 되지 않으면 이차성징이 빨리 나타나 키가 덜 자란다. 밤을 자주 새는 여자아이가 일찍 초경을 맞이하는 것도 그 때문이다.

도움을 받고 싶을 때

아이의 자발성을 이끌어낸다.

✕ 부모 "가끔은 엄마 좀 도와주면 안 되니?"
"다른 그릇도 가져와야지."

○ 부모 "접시 좀 갖다주면 고마울 텐데…."
아이 (떨떠름한 표정으로 자신의 그릇만 가져온다.)
부모 "고마워! 엄마 그릇도 갖다줄 수 있을까?"

POINT

- 도와주지 않는다고 화를 내지 않는다.
- 도와주기를 바랄 때에는 구체적으로 이야기한다.

지금까지 몇 번이나 설명했듯이, "도와!"라고 아이에게 지시해서 도움을 받는다면 의미가 없다. 스스로 도와주고 싶은 마음을 가지도록 해야 한다. 그렇게 하려면 대화 방식을 '자, ○○하자.'로 변환해보자. 구체적으로 설명하는 것도 좋은 방법이다. 가령 이런 식이다.

"식탁 좀 닦아줄 수 있을까?"

"자, 식사 준비가 끝났으니까 젓가락 좀 놓아줄래?"

물론 "부모를 도와주는 건 당연한 일인데 왜 아이에게 그런 신경을 써야 되지요?" 하고 말하는 부모도 있을 것이다. 하지만 계속 이렇게 하면 어느 순간 아이 스스로 도와주게 된다. "도와!" 하고 지시하는 것보다 훨씬 효율적이고, 아이의 자발성을 이끌어내는 지름길이다.

최근에는 집안일을 돕는 것보다 공부를 우선으로 생각하는 부모들이 많다. 하지만 집안일을 돕는 것은 중요한 문제다. 도와주는 행위를 통해서 배우는 내용이 많기 때문이다.

단, 기본적으로 아이는 자발적으로는 도울 줄 모르는 존재라고 생각해야 한다. 그러니까 아이가 도와주지 않는다고 해서 그것을 문제 삼는 말은 하지 말아야 한다.

가족 모두가 참여해야 한다

하지만 무엇보다 중요한 것이 있다. 아이가 가족의 일원이라면 서로 도와주는 것이 당연하다는 생각을 가지게 해야 한다는 것이다.

그렇게 하려면 가족 모두가 함께 집안일을 자발적으로

해야 한다. 엄마가 설거지를 하는 동안에 아빠는 거실에서 한가한 시간을 보내는 가정에서는 스스로 도울 줄 아는 아이로 키우기 어렵다. 그렇게 집안일을 하지 않은 아빠가 "엄마 좀 도와줘."라고 말하면 무슨 설득력이 있을까?

그렇다고 해서 갑자기 엄마가 아빠에게 짜증을 내며 "당신도 좀 도와줘!"라고 말하는 것은 역효과다. "갑자기 왜 저러지?" 하는 의문만 들게 할 뿐이다. 원하는 것이 있을 때는 명확하게, 그리고 웃는 얼굴로 그 뜻을 전해야 한다.

"여보, 쓰레기 좀 버릴래요?"

"여보, 그릇 좀 옮겨줄 수 있을까?"

이런 식으로 이야기하면 남편도 기꺼이 집안일에 참여할 것이다. 남편은 무엇을 어떻게 해야 할지 모른다. 아내가 하는 일을 방해할지도 모른다고 생각할 수 있기 때문에 구체적인 역할을 제시해주어야 한다.

처음에는 성가시게 느낄 수도 있다. 짜증을 낼 수도 있다. 하지만 남편도 자신이 필요한 존재라는 사실을 이해하면 자발적으로 움직이고 자연스럽게 습관화된다.

이때 남편이 나름대로 열심히 한 일에 불평이나 지적을 해서는 안 된다. 즉, 아내가 다시 손을 대서 바로잡는 행동은 하지 말아야 한다. 그 노력 자체를 인정하고 감사하는 마음을 전하면 남편도 아내에게 감사하게 된다.

형제나 자매에게
질투를 할 때

엄마를 독점하고 싶은
아이의 마음을 이해한다.

× 아이 "언니는 정말 싫어! 엄마도 싫어!"

부모 "동생이면서 그런 말 하면 안 돼!"

○ 아이 "형은 정말 싫어! 엄마도 싫어!"

부모 "(싱긋이 미소를 짓고) 엄마는 이 세상에서 네가 제일 좋은데!"

POINT

- 아이의 말을 있는 그대로 받아들이거나 똑같이 감정적인 태도를 보이지는 않는다.
- 외로움 때문에 하는 말이라고 생각하면 거친 말도 사랑스럽게 느껴진다.

"싫어!"라는 말을 들으면 가슴이 아프다. 하지만 아이의 "싫어!"는 "좋아!"라는 뜻이 반대로 표현된 것이다.

아이는 엄마를 독점하기 위해 필사적으로 이런저런 방법을 사용한다. 얼마나 사랑스러운가!

이때 부모가 아이와 마찬가지로 감정적인 반응이나 태도를 보여서는 안 된다.

특히 형제자매는 서로 좋아하는 존재이지만 엄마를 독점하는 데 방해가 되는 라이벌이기도 하다.

예를 들어 아이가 "언니는 정말 싫어! 엄마도 정말 싫어!"라고 말한다면, "엄마는 세상에서 네가 제일 좋은데."라고 말해주자.

'제일'이라는 말이 중요하다. 아이가 '나는 언니보다 더 사랑받고 있어!'라고 생각하더라도 상관없다. 아니, 그렇게 생각하게 해야 한다.

"엄마는 언니하고 너하고 똑같이 사랑해."라는 말은 그럴싸하지만 NG다. 평소에는 "둘 다 좋아."라고 말해도 문제가 없지만 아이가 이런 말을 했을 때는 '나는 똑같은 건 싫어!'라는 생각을 강조하고 있는 것이기 때문에 그것을 수용해주어야 한다.

따라서 "엄마는 세상에서 네가 제일 좋아!"라고 말해주는 것이 바람직하다.

그리고 아이가 "엄마, 나 좋아해?"라고 묻는다면 "엄마는 세상에서 네가 제일 좋아!"라고 아이의 눈을 바라보면서 속삭여준다.

누가 더 좋은지 물을 때

"누가 더 좋은데? 제일 좋은 건 한 명 아냐?" 하는 논리적인 질문을 받으면, "제일 좋은 건 아빠지."라고 대답한다. 그러면 아이는 "그건 어쩔 수 없다."라고 받아들이게 된다.

아이가 이런 투정을 하면 "아, 자기에게 신경을 써달라는 것이구나.", "더 사랑해달라는 뜻이구나." 하고 기분 좋게 받아들이자. 아이의 입장에서 볼 때 엄마보다 너그러운 사람은 세상에 존재하지 않으니까.

형제자매끼리 싸움을 시작했을 때

형제간의 싸움도
중요한 커뮤니케이션 중 하나다.

✕ 부모 "형이니까 네가 양보해야지!"

○ 부모 "(형에게) 너는 로봇을 어떻게 하고 싶니?"

아이 "절대로 못 만지게 할 거야…."

부모 "(동생에게) 형이 절대로 만지면 안 된대."

POINT

- 부모는 형제 사이의 통역사가 되어야 한다.
- '좋다', '나쁘다'를 결정하는 재판관이 되면 안 된다.

형제가 있으면 반드시 싸움이 시작된다. 부모는 '이럴 때는 어떻게 해야 하지?', '내가 말려야 해!', '왜 사이좋게 지내지 못할까?' 하는 생각에 초조해져서 제대로 대처하지 못한다.

하지만 싸움은 아이의 성장에 빼놓을 수 없는 중요한 커뮤니케이션 중 하나다. 우선 "싸움을 할 정도로 사이가 좋은 것이구나." 하고 받아들이자.

하지만 가능하면 빨리 정리를 하고 싶은 것이 부모의 마음이다. 형제간의 싸움이 시작되면 어떻게 해야 할까?

부모가 통역사가 되어야 한다. 대부분의 부모들은 형제가 싸울 때 다음과 같이 재판관처럼 행동하려는 경향이 강하다.

"네가 형이니까 양보해야지."

"울지 마!"

어느 쪽이 옳고 어느 쪽이 그른지를 판단하려 하지만 그것은 옳지 않은 방법이다. 형제 사이에는 나이 차이가 있기 때문이다. 즉, 감정을 전달하는 방법에 차이가 있다.

말을 잘하는 형과 아직 어휘력이 부족한 동생, 힘이 강한 형과 힘이 약한 동생이 있기 때문에 그 불공평함을 해소해 주어야 한다.

즉, 두 아이가 공평한 위치에 놓일 수 있도록 통역 역할에 충실해야 한다. 아이는 감정이 앞서기 때문에 기분을 조절할 줄 모른다. 따라서 부모는 기분을 정리할 수 있도록 도와주는 역할을 해야 한다.

예를 들어 로봇 장난감을 두고 싸우는 경우,

부모 "(형에게) 너는 로봇을 어떻게 하고 싶니?"

형 "절대로 못 만지게 할 거야."

부모 "(동생에게) 형이 절대로 만지면 안 된대."

동생 "응? 하지만 나도 로봇 가지고 놀고 싶어."

부모 "(형에게) 동생이 빌려달라는데."

형 "안 돼! 싫어!"

부모 "(동생에게) 형이 빌려주고 싶지 않대."

이처럼 부모가 통역을 계속 해준다. 제대로 표현할 수 없는 마음을 부모가 언어로 치환해주면 아이에게는 표현력이 갖추어지고 말을 통해 자신의 뜻을 전달할 수 있다.

또 갓 세 살을 넘은 정도의 형은 '내가 심술쟁이인가?' 하고 생각하게 되어 다음부터는 기분 좋게 빌려준다. 그럴 때에는 기회를 놓치지 말고 이렇게 말해준다.

"(형에게) 형이 빌려준다고? 멋진 형이네."

"(동생에게) 형이 빌려준대! 잘됐다!"

이때 부모는 "형이니까 당연하지.", "오늘은 웬일이니?"라는 식으로 감정이나 의견을 내놓아서는 안 된다.

그런 말을 하면 형은 '엄마, 아빠는 늘 동생 편이야.'라고 생각하여 아무리 시간이 지나도 스스로 빌려주는 행동을 하지 않게 된다.

부모가 통역에 충실한 경우에도 아이가 "안 돼! 싫어!"라고 주장하는 경우가 있다. 그럴 때도 부모는 중립적인 입장을 끝까지 유지해야 한다.

"(동생에게) 형이 싫대. 다른 장난감도 있으니까 그거 가지고 놀아."

이런 식으로 말해주자. 결코 형을 화나게 하지 않는 것이 핵심 포인트다.

어른도 마찬가지다. 누구에게도 빌려주고 싶지 않은 소중한 것이 있지 않을까? 현재 형에게는 그것이 로봇 장난감이다.

한쪽이 분명히 잘못하고 있다는 사실을 알 때

형이 분명히 잘못하고 있다는 사실을 알고 있는 경우라 하더라도 마찬가지로 부모는 통역에 철저해야 한다. 아무리 잘못하고 있는 것처럼 보이더라도 그 '잘못하고 있다'는 판단은 부모의 생각일 뿐이다.

어쩌면 싸움이 시작되기 전에 동생이 먼저 형의 기분을 상하게 만들었는지도 모른다. 그것을 형이 참고 있는 상황일 수도 있다. 매일 뭔가 마음이 상하는 일이 있었는데 그

것이 폭발한 것일 수도 있다. 그런데 현재 부모의 눈에 보이는 것만으로 옳고 그름을 판단해 원인은 무시하고 한쪽을 야단치는 경우도 있다.

부모는 통역에 충실하라고 하면, 그렇게 해서 빨리 해결이 될 수 있겠느냐는 의문을 가질 수도 있다. 그러나 싸울 때마다 부모가 화를 내거나 참견한다고 해도 같은 상황이 되풀이될 뿐이다. 계속 아이들의 싸움에 끼어들어 재판만 하는 결과가 반복된다.

최종 목표는 아이들끼리 싸움을 해결하게 하는 것이다.

그 점을 염두에 두고 부모는 통역만 충실하게 하자.

저속한 말을 연발할 때

아이는 엄마의 반응을 즐긴다.

●

✕ 아이 "똥방구! 똥방구!"

부모 "창피하니까 그만해!"

아이 "똥방구! 똥방구!"

○ 아이 "똥방구! 똥방구!"

부모 (반응을 보이지 않는다.)

POINT

- 다른 사람에게 상처를 주는 말은 아니니까 기본적으로는 즐기는 정도의 마음을 가진다.
- 반응을 보일수록 아이는 기뻐한다. 따라서 반응을 보이지 않는 게 더 낫다.

부모로부터 이런 상담을 받는 경우가 있다.

"우리 아이는 왜 이상한 말만 하는지 모르겠어요. 창피해서 못 견디겠어요. 똥, 방귀, 고추, 코딱지… 집 밖에서도 큰 소리로 말해서…."

아이가 계속 이런 단어를 말한다면 정말 창피할 것이다. 하지만 다른 사람에게 상처를 주는 말은 아니니까 함께 즐기는 정도로 가볍게 받아들여야 한다.

아이가 그 말 자체를 재미있어하는 것은 아니다.

엄마의 반응을 즐기는 것이다. 어떤 의미에서는 그것도 성장이다. 지금까지는 울고 떼를 쓰는 유치한 행동을 통해서만 엄마의 눈길을 끌 수 있었는데, 언어를 사용해서 눈길을 끈다는 것은 꽤 성장했다는 증거다. 따라서 언어 소통의 전환기라고 생각하자.

집에서는 즐겁게, 밖에서는 무시한다

집 안에서라면 함께 그 말을 주고받는 것도 뜻밖으로 재미있다. 딸아이와 어렸을 때 함께 "방귀 냄새! 방귀 냄새!" 하고 주고받다 보니 나중에는 내가 더 즐거웠던 기억이 있다. 아이는 평생 그런 말을 크게 외쳐대지는 않는다. 지금 잠깐이라고 생각하면 사랑스럽게 느껴질 것이다.

만약 외출 중일 때 밖에서 계속 그런 말을 외쳐댄다면 아무런 반응을 보이지 말자. "그만해!" 하고 주의를 줄수록 아이는 엄마의 반응이 재미있어서 계속 반복하게 된다.

아이 "엄마 똥 냄새!"

부모 (아무런 반응을 보이지 않는다.)

아이 "엄마 똥 냄새!"

부모 "아! 주머니에 초콜릿이 들어 있었네! 초콜릿 먹을까?"

이런 식으로 전혀 반응을 보이지 않아야 한다. 그래도 끈질기게 계속한다면 아무 일도 없었던 것처럼 아이가 관심을 보일 만한 다른 화제를 꺼낸다.

거친 말을 함부로 사용할 때

부모 자신의 말투를 되돌아본다.

× 아이 "(엄마에게) 아줌마!"

부모 "엄마를 그렇게 부르면 안 돼!"

○ 아이 "아줌마!"

부모 "그래. 이 아줌마가 하는 말도 가끔은 좀 들어주세요."

POINT

- 곧이곧대로 받아들이지 말고 개그를 하는 정도로 생각한다.
- 부모의 말을 흉내 내는 경우도 있다. 따라서 자신의 말투를 되돌아본다.

이것도 앞의 내용과 마찬가지로 아이의 말을 곧이곧대로 받아들이면 안 된다. 과격한 말에 일일이 반응하다 보면 자기도 모르게 흥분하게 된다. 가벼운 개그로 생각하고 답하는 것이 바람직하다.

아이 "뚱뚱이! 뚱뚱이!"

부모 "하하하, 엄마 이러다 정말 돼지가 되면 어쩌지?"

이런 식이다. 어느 정도 시기가 지나면 이런 말은 자연스럽게 하지 않게 된다. 아이가 아빠에게 "거지 같은 아저씨!"라는 거친 말을 내뱉어서 아빠가 화를 내더라도 엄마는 가만히 지켜본다. 어느 쪽 편도 들지 않는다. 그런 뒤 나중에 조용히 중재를 한다.

"(아이에게) 그 말 듣고 아빠가 슬퍼하는 것 같아."

"(남편에게) 우리 아이도 이제는 단어가 꽤 늘었어요."

거친 말 자체가 문제가 아니라 왜 그런 말을 하게 되었는지를 생각해야 한다. 어느 정도 시간이 지난 뒤에 아이에게 왜 그런 말을 했느냐고 물어보면, "아빠가 약속을 안 지켰잖아!"라고 진심을 이야기할 수도 있다. 말꼬리를 잡아 관계를 나쁘게 만드는 것보다 뭔가 하고 싶은 말이 있다는 신호로 이해하는 쪽이 거친 말을 하지 않도록 만드는 데 도움이 된다.

가족 이외에 실제로 뚱뚱한 사람에게 "뚱뚱이!"라거나 실제로 머리카락 숱이 적은 사람에게 "대머리!"라고 말했을 때는 "정말 뚱뚱할 수도 있지. 하지만 저 아저씨도 그것 때문에 고민하고 있지 않을까?"라고 상대의 입장이나 마음을 상상할 수 있는 말을 건넨다.

아이가 차별을 하는 듯한 말을 했을 때에는 꾸짖기보다 슬프다는 마음을 확실하게 전한다.

세상에는 다양한 개성을 가진 사람들이 있고 서로 그것을 인정해주면서 살아가야 한다는 사실을 아이에게 진지한 말투로 알려주면 된다.

자신의 말버릇을 되돌아본다

"맛 죽이는데!"

"짜증나!"

"때려치워!"

"야!"

이런 말을 사용하지 않기를 바란다면 부모 자신도 사용하지 않도록 한다. "맛 죽이는데!" 하고 말한다면 "맛있지?"라고 수정해서 말한다.

자신의 말버릇을 아이를 통하여 확인할 수 있을 정도로 아이는 즉시 부모의 말투를 흉내 낸다. 따라서 자신의 말버릇을 한 번쯤 되돌아볼 필요가 있다.

대화가 이어지지 않을 때

대화를 해야 한다는 강박증을 버려야 한다.

✕ 부모 (뭔가 말을 해야 할 것 같은데….)

아이 (아빠가 나를 보고 있어….)

○ 부모 "오늘 아빠가 회사에서…."

아이 "회사에서 뭐요?"

POINT

- '대화를 해야 하는데….' 하고 노력할 필요는 없다.
- 대화를 나누고 싶으면 자신의 이야기를 해본다.

아이와는 무리하게 대화할 필요가 없다.

대화가 없더라도 가족끼리 여유 있는 시간을 보내는 것은 최고의 행복이 아닐까? 하지만 아이를 대할 시간이 부족한 아빠는 어쩌다 단둘이 있게 되면 '그래, 지금이야!'라고 생각하여 이런저런 질문을 하고 싶어진다.

"학교는 어때?"

"친구들하고 사이는 좋니?"
"선생님하고 문제는 없어?"
"요새는 주로 뭘 하고 놀아?"

이런 식으로 자신이 듣고 싶은 것만을 듣고 만족해한다. 이것으로 "아이와 커뮤니케이션을 주고받았다!"라고 착각하는 것이다. 또 기분이 가라앉아 있을 때 아이와 대화가 제대로 이루어지지 않으면, '뭐야, 신경 써서 이렇게 물어보는데!' 하고 생각하는 경우도 있다. 평소에 대화를 나누지 못한 만큼 '대화를 해보자!' 하고 노력하는 마음은 이해하지만, 이런 식으로 무리하게 시도하면 아이는 제대로 이야기를 하지 않는다.

아이에게도 나름대로 이야기를 하고 싶은 타이밍이 있다. 그 타이밍은 어른이 생각하는 것보다 느슨한 흐름으로 찾아온다. 그렇기 때문에 아이가 말을 꺼내기를 기다리는 것이 좋다. 그리고 아이가 말을 꺼내면,

"그래?"
"그래서?"
"우아, 공원에 갔었다고?"
이런 식으로 아이의 말을 되풀이하면서 들어주자.

자신의 이야기를 해본다

대화를 나누고 싶을 때는 물어보는 것보다 자신의 이야기를 하는 쪽이 훨씬 바람직하다.

부모 "오늘 회사에서 아빠가 칭찬을 받았어!"
아이 "왜요?"
부모 "자동차를 많이 팔았다고."
아이 "우아, 아빠 최고!"

이런 식으로 일과 관련된 이야기를 하면 아이는 꽤 즐거워한다. 설사 겉으로 냉정한 태도를 보인다고 해도 마음속으로는 '우리 아빠는 최고야.' 하고 긍지를 느끼고 '아빠도 일을 하려면 힘들어. 나도 말 잘 들어야지.'라고 생각하기도 한다.

궁금한 점을 알아내려 할수록 아이는 피한다. 그것은 어른도 마찬가지다. 상대에 대해 알고 싶다면 우선 자신의 속마음부터 털어놓아야 한다.

선생님과 잘 지내는지 물어보고 싶을 때

독선적인 판단으로 선생님과 아이의 관계를
악화시켜서는 안 된다.

× 부모 "선생님하고는 잘 지내고 있니?"

○ 부모 "선생님이 상냥한 분 같기는 한데, 가끔 야단도 치시니?"

아이 "네, 상냥해요. 하지만 야단치면 무서워요."

부모 "아, 야단도 치시는구나."

POINT

- 궁금한 내용을 명확히 묻는다.
- 막연한 질문은 대답하기 어려우니 가능하면 구체적으로 묻는다.

부모의 입장에서 선생님과 아이의 관계성은 매우 마음에 걸리는 문제다. 특히 초등학교에 진학하면 선생님과 아이의 관계는 아이에게 듣는 정보에 크게 의존한다. 선생님과 아이 사이의 어떤 문제를 알고 싶은지 명확히 해야 한다.

- 야단을 자주 치는가?
- 칭찬을 해주는 경우가 있는가?
- 별명으로 부를 정도로 친한가?
- 자신의 일에 열성적인 선생님인가?

예를 들어 야단을 치는지 궁금할 때는 이렇게 질문을 구체적으로 한다.

부모 "선생님은 상냥한 분 같기는 하던데, 가끔 야단도 치시니?"

아이 "네, 상냥해요. 그런데 야단치면 무서워요."

부모 "아, 야단도 치시는구나."

아이 "네. 야단칠 때는 고함도 막 질러요."

부모 "그래? 고함을 지른다고? 너도 선생님께 야단맞은 적 있어?"

이렇게 처음부터 부모가 "선생님에게 야단맞은 적 있니?"라고 묻는 게 아니라 단계를 밟아 질문해야 아이가 대답하기 쉽다.

만약 선생님과 잘 지내지 못한다면

선생님과의 관계성이 양호하지 못한 경우,

"네가 잘못해서 그렇지."

"그러니까 네가 좀 더 잘해야지."

"선생님이 야단을 치면 공손하게 잘못했다고 말씀드려야 하는 거야."

"선생님에게 미움을 받으면 성적이 떨어져."

이렇게 지시나 단정, 위협하는 말은 안 된다. 아이의 이야기를 모두 들은 뒤에, "선생님은 너를 미워해서 야단을 치는 게 아니야. '이렇게 하면 더 좋을 텐데….' 하는 기대를 가지고 있기 때문에 야단을 치는 거야."라고 아이와 선생님이 어색한 관계가 되지 않도록 말해준다.

"그런 건 신경 쓸 필요 없어."

이런 한마디로 끝내서는 안 된다. 아이는 야단을 맞은 것보다 "나는 부정을 당했어.", "나 같은 건 학교에 필요 없어."라는 문제에 신경을 쓰고 있다. 따라서 우선 그렇지 않다는 점을 말로 설명해주어야 한다.

선생님과의 관계가 심각하다면

선생님과의 관계가 너무 심각한 경우, 선생님에게 직접 상담을 하는 방법도 있지만 그전에 반드시 아이와 대화를 나눈다.

"엄마나 아빠가 선생님하고 이야기해볼까?"

"그때 네가 그런 마음이 아니었다는 걸 엄마가 선생님에게 말해줄까?"

이렇게 물어봐야 하는 것이다. 부모의 말에 용기를 얻어 아이 자신이 "제가 선생님께 말해볼래요!"라고 의욕을 보일지도 모른다.

절대로 부모의 독선적인 판단으로 선생님에게 이야기해서는 안 된다.

예를 들어 선생님을 찾아가 이렇게 묻는 식이다.

"선생님, 왜 우리 아이를 야단치셨나요?"

설사 이것이 올바른 행동이라고 하더라도 아이와 선생님 사이에는 깊은 골이 생긴다.

그럴 경우 아이는 부모를 믿지 않게 되고, 그 결과 '엄마, 아빠에게 말하면 즉시 선생님에게 말할 거야. 다음부터는 절대로 말하지 말아야지.'라고 생각할 수 있다.

솔직히 요즘에는 자신의 생각만을 앞세워 폭주하는 부모가 증가하고 있다. 아이와의 신뢰 관계를 무너뜨리지 않기 위해, 선생님(학교)과의 관계를 악화시키지 않기 위해 어떻게 하는 게 좋을까?

아이와 함께 생각하고 함께 결정해야 한다.

그리고 "엄마, 아빠는 너와 의논을 해서 가장 좋은 방법을 찾고 싶어. 엄마, 아빠는 무슨 일이 있어도 네 편이야."라고 안심시켜주어야 한다.

친구와 사이가 좋은지 물어보고 싶을 때

결론을 먼저 말하거나 지시하면 안 된다.

✕ 부모 "○○하고는 사이좋게 잘 지내고 있니?"

아이 "그냥요…."

부모 "저번에 네가 심술궂게 행동해서 그런 거야."

○ 부모 "○○는 잘 있니?"

"오늘은 수업 끝나고 집에 올 때 누구하고 같이 왔어?"

POINT

- 부모가 먼저 결론을 이야기하거나 지시하면 안 된다.
- 대답하기 쉽게 질문한다.

친구들과 아무런 문제가 없이 잘 지내는 것으로 보인다면 직접적으로 질문을 하는 것도 나쁘지 않다. 하지만 만약 뭔가 마음에 걸리는 부분이 있을 때는 아이가 대답하기 쉽게 질문해야 한다.

"○○는 요즘 잘 있니?"
"○○가 요즘은 자주 놀러오지 않네."
"혹시 자리 바꿔 앉았니?"

만약 "요즘 사이가 나빠요."라는 대답이 돌아온다면 "왜?"라고 바로 질문하지 않는다.

부모 "그래? 사이가 나쁘구나."
아이 "네."
부모 "그래, 그래. 싸운 거야?"
아이 "네. 전에 싸웠어요."
부모 "아, 싸웠구나."
아이 "내가 때렸어요."
부모 "이런! 때렸구나. ○○한테 화가 나서 때린 거야?"
아이 "네. 마음대로 내 장난감을 만지잖아요."
부모 "그래, 그래. 그럼 기분 나쁘지. 네가 그 장난감을 엄청 좋아하는 건 엄마, 아빠도 잘 알고 있는데. 하지만 친구를 때리는 건 나쁜 행동이야. ○○가 아파서 울면 너도 마음이 안 좋잖아."

이런 식으로 하나씩 단계적으로 질문을 던진다.

아이는 자신이 나쁜 아이라서 친구가 멀어지는 것이 아닌지 스스로에게 묻고 있다. 설사 아이가 나쁜 행동을 했다고 해도 부모가 좋은 부분을 발견하고 말로 표현해주는 것이 바람직하다.

앞에서의 대화를 예로 든다면, 친구를 때린 것은 분명히 나쁘지만 친구가 허락 없이 자기가 아끼는 장난감을 만지는 것은 기분 나쁠 수 있다. 이것을 인정해줄 수 있는 사람은 부모뿐이다.

그렇게 하면 아이는 친구에게 "미안해."라고 말할 뿐 아니라 엄마, 아빠의 말을 떠올리고 "내가 좋아하는 장난감을 함부로 만졌기 때문에 때린 거였어."라고 자신의 마음을 더하여 이야기할 수 있게 된다.

아이의 이야기를 차분히 들어보고 나서 아이에게 문제가 있다고 판단되는 경우에 부모는 아이가 하고 싶은 말을 전부 하게 한 뒤에 감정을 포함시키지 않고 말한다.

"엄마, 아빠라면 ○○는 하지 않을 것 같은데…."

사회 규칙을 아이에게 가르치는 것은 역시 중요한 부분

이기 때문이다.

처음부터 아이를 부정하듯 말하면 "왜 내가 나쁜데?" 하고 반발하기 때문에 일단 하고 싶은 말을 다 할 때까지 귀를 기울여 들어주는 순서를 잘 지켜야 한다. 아이는 현명하기 때문에 대화를 나누는 과정을 통해서 자신이 잘못된 행동을 했다는 사실을 이해할 것이다.

머리가 좋은 부모일수록 지시를 내리려 한다

내 직업의 특성상 많은 부모들과 대화를 나눌 기회가 있다. 그러는 과정에서 느낄 수 있는 것은 고학력이고 두뇌회전이 빠른 부모일수록 아이에게 먼저 결론을 제시하거나 지시를 하는 경향이 강하다는 것이다.

아이 "오늘 ○○하고 싸웠어요."
부모 "응? 그래서? 나중에 미안하다고 말했어?"
"그건 네 태도가 나빴기 때문이야."
"너도 할 말을 확실하게 했어?"
"싫으면 싫다고 말해야지!"

이런 식으로 아이의 말을 충분히 들어주고 그 마음을 이해하기 앞서 부모가 자기의 의견을 먼저 말하기 쉽기 때문에 특히 주의해야 한다.

고민이 없는지 물어보고 싶을 때

어떤 경우든 아이의 편이라는 것을 전달한다.

✕ 부모 "혹시 무슨 고민 있니? 힘든 건 없어?"

○ 부모 "의논할 일이 있으면 엄마에게는 무슨 말이든 편하게 해도 돼."
"만약 하고 싶은 말이 있는데 하지 못하는 경우에는 아무 때나 네가 말하고 싶을 때 하면 돼. 내일 해도 괜찮아."

POINT

- 아이에게 이것저것 캐묻지 않는다.
- 아이가 이야기하고 싶어 하는 타이밍을 놓치지 않는다.

지금까지 설명한 대로 "혹시 무슨 고민 있니?", "엄마한테 할 말 없어?"라는 질문 공세는 안 된다. 기본적으로 부모가 아이에게 이것저것 캐물어서는 안 된다. 아이에게는 나름대로의 타이밍이 있기 때문이다.

하지만 분명히 고민이 있어 보이는 신호가 있다.

- 한숨을 자주 쉰다.
- 기운이 없다.
- 머뭇거린다.

이런 경우는 신경을 써달라는 신호일 수도 있다. 그럴 때는 솔직하게 물어보자.

"왜 그래? 무슨 일 있니?"

"엄마에게는 무슨 말이든 편하게 해도 돼."

평소에 신뢰 관계가 갖추어져 있다면 직접적으로 물어보아도 된다.

가끔 "아이를 배려하다 보니 좀처럼 물어볼 수가 없어서…."라고 상담을 해오는 경우가 있다. 그럴 때는 '엄마가 걱정을 하고 있다'는 마음을 전하도록 한다. 캐묻지 말고 우선 엄마의 솔직한 마음을 이야기하는 것부터 시작하는 것이다. 여유 있는 시간을 활용하는 것이 좋다.

무엇보다 중요한 것은 '엄마는 언제든지 네 편이다'는 마음을 느끼게 하는 것이다.

그렇게 하면 실제로 고민을 털어놓지는 않더라도 "내게는 엄마가 있으니까 걱정 없어!"라는 자신감을 가지고 스스로 해결하려 한다. 사랑을 받고 있는 자신을 확인할 수 있기 때문이다.

아이의 신호를 놓치지 않는다

아이의 SOS 신호는 절대로 놓치면 안 된다. 아이는 아이 나름대로 고통을 호소하고 있다. 평소의 언행과 다르거나 태도가 이상하거나 컨디션이 나쁘다고 호소하거나…. 아이에 따라 신호를 보내는 방식은 다르다. 따라서 부모가 그 신호를 놓치지 않아야 한다.

친구의 험담을 할 때

먼저 아이의 마음을 이해해주어야 한다.

✕ 아이 "○○(친구의 이름)는 구역질 나요!"

부모 "그런 말 하는 거 아니야!"

○ 아이 "○○는 구역질 나요!"

부모 "○○를 보면 구역질이 나는구나."

POINT

- 뭔가를 호소하는 신호일 수도 있으니 험담을 무조건 부정하지는 않는다.
- 우선 아이의 말을 되풀이하고 마음을 받아들인다.

아이는 어휘가 부족하기 때문에 직접적인 표현밖에 할 수 없다. 따라서 험담도 직접적으로 표현하는데, 부모의 입장에서는 친구들을 욕하는 말을 들으면 자기도 모르게 "그런 말 하는 거 아니야!" 하고 주의를 준다.

험담을 하는 데는 뭔가 이유가 있을 것이다. 아이가 보내는 SOS 신호일 수도 있다.

따라서 무조건 부정을 하지 말고 일단 그 마음을 이해해 주어야 한다.

아이 "○○는 정말 싫어요!"

부모 "○○를 싫어하는구나."

아이 "그 녀석, 구역질 나요!"

부모 "그래, 그래. 그 친구를 보면 구역질 난다고?"

이런 식으로 의견을 가로막지 말고 아이가 한 말을 되풀이한다. 그다음에 이유를 물어본다.

부모 "○○와 학교에서 싸웠니?"

아이 "네. ○○가 내 노트를 빼앗아갔어요."

부모 "노트를 빼앗아갔다고?"

아이 "네. 숙제를 해오지 않았대요."

부모 "○○가 숙제를 해오지 않았구나."

아이 "네!"

부모 "숙제를 해오지 않은 건 잘못이지. 어쩌면 ○○가 숙제를 해오지 못해서 선생님에게 야단맞을 것 같으니까 무서워서 그런 것 아닐까?"

이처럼 사실을 확인하고 마지막에 의견을 첨가해보자. 아이가 다른 아이를 험담할 때는 그것이 옳은 것인지 그른 것인지, 이해할 수 있는 것인지, 이해할 수 없는 것인지 나름대로 잣대를 만들 수 있도록 유도해야 한다. 즉, 자신의 가치 기준을 형성할 수 있도록 도와주는 것이다.

위의 대화를 예로 들어보자.

- 숙제를 해오지 않은 것은 나쁜 것이다.
- 하지만 노트를 빼앗아간 친구는 나쁜 장난을 치기 위해서 그런 행동을 한 것이 아닐 수도 있다.

이런 잣대(가치 기준)를 만들 수 있도록 해주어야 한다. 험담을 한다고 무조건 부정해버리면 잣대를 만들 수 있는 기회를 방해하는 결과를 낳는다. 잣대를 하나하나 만들어 나가는 과정을 통하여 다음부터 문제가 발생했을 때 어떤 식으로 대응해야 할지 그 판단을 내릴 수 있는 것이다.

괴롭힘을 당하고 있는지 알고 싶을 때

아이의 신호를 알아채고 수긍하는 말로
속마음을 털어놓게 한다.

✕ 아이 "아…. 학교 가기 싫어요."

부모 "왜? 아이들이 괴롭혀?"

○ 아이 "아…. 학교 가기 싫어요."

부모 "그래. 가기 싫은 날도 있지."

POINT

- 아이의 말에 귀를 기울인다. 아이의 신호를 알아채면 아이의 말을 수긍해주고 그 말을 되풀이해준다. 아이는 그것만으로 만족할 수 있다.

괴롭힘이라도 당하고 있으면 어떻게 할까…. 많은 엄마들이 그렇게 생각한다. 집단 괴롭힘 때문에 자살을 했다는 뉴스도 자주 들었다. 그렇기 때문에 한시라도 빨리 발견해서 해결해주고 싶은 마음이 드는 것은 당연하지만 초조해하지 말고 아이의 말에 귀를 기울이고 하나씩 확인해보자.

단, "왜? 아이들이 괴롭혀?"라는 말처럼 직접적인 질문은 하지 말아야 한다. 괴롭힘을 당하고 있다는 사실을 자각하지 못한 경우도 있기 때문이다. 또 자각하고 있다고 해도 자신이 나쁘기 때문에 괴롭힘을 당한다고 생각하는 경우도 있다. 그러니까 "너는 괴롭힘을 당하고 있는 거야!"라고 강조할 필요는 없다.

작은 신호가 보이면 그것을 계기로 대화를 시작한다.

- 학교에 가기 싫다고 말한다.
- 친구를 험담하는 일이 많아졌다.
- 옷이 찢어져 있거나 평소보다 더럽혀져 있다.
- 식욕이 떨어졌다.
- 한숨을 쉬는 일이 많아졌다.
- 기분이 우울해 보인다.

이렇게 아이는 작은 신호를 보낼 것이다. 그것을 놓치지 말아야 한다.

아이 "아…. 학교 가기 싫어요."
부모 "그래. 가기 싫은 날도 있지."
아이 "네. 학교에 왜 가야 하는지 모르겠어요."
부모 "그래, 그래. 엄마도 그런 생각을 한 적이 있어."

이런 식으로 작은 신호를 계기로 아이의 말을 듣고 그 말을 되풀이한다. 그리고 아이가 괴롭힘 등에 관해서 구체적으로 이야기하면 진지하게 귀를 기울인다. 좀처럼 이야기를 꺼내지 않는 경우에는 "친구들이 기분 나쁘게 말했니?" 하고 슬쩍 말해보는 것도 좋은 방법이다.

그리고 다시 아이의 말에 귀를 기울인다. "기분 나쁜 말을 들었으면 그런 말 하지 말라고 해야지.", "왜 너는 가만히 있었는데?"라는 말은 안 된다. 그런 말 하지 말라고 말할 수 없기 때문에 힘들어하는 것이고 반박하지 못하고 가만히 있을 수밖에 없기 때문에 고민하는 것이다.

괴롭힘을 당하다 보면 "나는 살 가치가 없는 사람이 아닐까?", "나는 주변 사람들을 힘들게 하는 사람일까?" 이런 식으로 아이는 자신을 부정하게 될 가능성이 높다.

따라서 "엄마, 아빠는 네가 있어서 너무 행복해.", "엄마 아빠는 네가 있기 때문에 살 수 있는 거야."라는 뜻을 거듭 전해주어야 한다. 그렇게 하면 아이는 다시 용기를 내고 자신과의 싸움을 시작할 것이다.

괴롭힘을 당하고 있다는 사실을 알았을 때

아이가 스스로를 부정하지 않게 한다.

✕ 부모 "그럼 그 아이 엄마한테 말해야겠다."
"선생님에게 말씀드려야겠다."
"네가 뭔가 잘못해서 그런 거 아냐?"

○ 부모 "용기 내서 말해줘서 고마워. 어떻게 하면 좋을지 엄마하고 같이 생각해보자."

POINT

- 부모의 독선적인 생각으로 선생님이나 상대 아이의 부모에게 이야기를 꺼내는 것은 안 된다. 아이를 부정하는 말이나 행동도 안 된다.
- "함께 해결하자!" 하는 뜻을 보여준다.

괴롭힘은 괴롭히는 쪽이 100% 나쁘다. "괴롭힘을 당하는 쪽도 문제가 있다."라는 사고방식은 잘못된 것이다. 그렇기 때문에 괴롭힘을 당하는 아이를 절대로 부정하지 말아야 한다. 그럴 경우, 아이는 도피할 장소가 없어진다.

아이가 "친구들이 자꾸 괴롭혀.", "아이들이 이런 식으로 대하는 건 정말 싫어!"라고 말한다면, "힘들었구나. 그래도 잘 참았네. 어떻게 하면 좋을지 엄마하고 같이 생각해보자."라고 말해주자. 부모도 함께 싸운다는 자세를 보여주면 아이는 용기를 얻을 것이다.

괴롭힘을 당하고 있는 아이에게 전해야 할 것

① 엄마는 너를 사랑하고 있다.
② 이 상황은 계속 이어지지 않는다.
③ 피하는 것은 비겁한 것이 아니다.

첫 번째는 '엄마는 너를 사랑하고 있다.'라는 것을 전달해야 한다. 앞에서도 설명한 대로다. 괴롭힘을 당하고 있는 아이는 깊은 상처를 입고 자신에게 문제가 있기 때문에, 자신이 이상하기 때문에 괴롭힘을 당한다고 생각한다. 아이가 스스로를 부정하지 않도록, 너는 살아갈 가치가 있다는 사실을 확실하게 말로 전달해주자.

두 번째, '이 상황은 계속 이어지지 않는다.'라는 사실을 전한다. 아이는 매우 좁은 세계에서 살고 있다. 어른이 되면 다양한 인간관계가 만들어지지만 아이의 입장에서는 유치원이나 학교가 전부다.

그렇기 때문에 "괴롭힘은 언젠가 반드시 끝나는 거야. 평생 계속되는 게 아니야.", "내년에는 반이 바뀔 거야." 이런 말을 통해서 힘든 시기는 반드시 끝이 난다고 생각하게 만들어야 한다.

세 번째, '피하는 것은 비겁한 것이 아니다.'라는 사실을 말해준다. 괴롭힘이 견디기 힘들어 피하는 아이는 무슨 일이든 피하지 않을까 부모는 걱정한다. 하지만 피하는 것은 비겁한 것이 아니다. 예를 들어 짐승의 경우, 자신보다 덩치가 큰 짐승을 만나면 피한다. 또 피할 틈을 엿보기 위해 싸우기도 한다. '피한다'는 것은 살아가기 위해 필요한 수단이기도 하다.

"괴롭히는 아이하고 굳이 싸울 필요는 없어."

"학교를 좀 쉬도록 하자."

"전학을 가도 돼."

이런 말을 통하여 아이의 마음을 편하게 만들어준다.

정신적으로 괴롭힘을 당하는 경우

무시당하거나 따돌림을 당하는 경우에는, 유치원생이나 초등학교 1학년 정도라면 "○○의 엄마에게 말해볼까?"라고 물어본다. 아이가 "응. 그렇게 해봐."라고 대답한다면 상대 아이의 엄마를 찾아가 이야기해보는 것도 나쁘지 않은 방법이다.

그러나 부모의 독선적인 판단으로 '선생님에게 상담해봐야겠다.'라거나 '그 아이 엄마에게 말해야겠다.'라고 생각하는 것은 안 된다. 어디까지나 아이의 의견을 존중해야 한다. 단, 초등학교 2학년 이상인 경우에는 선생님이나 상대 아이의 부모와 상담을 하면 사태가 성가셔질 수 있다.

특히 여자아이의 경우, 괴롭힘의 구조가 복잡해 더욱 힘든 상황에 놓일 수 있다. 어른이 없는 장소에서는 괴롭힘의 수준이 더욱 높아지기 때문에 매우 위험하다. 따라서 아이와의 상담을 통하여 괴롭히는 아이와 거리를 두도록 만들어야 한다. 통학 시간을 바꾸거나 괴롭히는 아이가 보자고 해도 '그날은 일이 있다'는 식으로 단호하게 거절하는 등 자연스럽게 함께 지내는 시간이 줄어들 수 있는 방법을 생각해보는 것이다.

또 상대 아이의 엄마를 모르는 경우에는 상식적인 부모

인지 아닌지 알 수 없기 때문에 초등학교 2학년 이하인 경우에도 무턱대고 찾아가는 것은 피하도록 한다.

물리적인 괴롭힘을 당하는 경우

'다른 사람들 앞에서 바지를 내린다', '때린다' 등 폭력적이고 과격한 괴롭힘을 당하는 경우에는 아이의 목숨까지 위태로울 수 있다. 이 경우에는 선생님에게 알려 상대 아이의 부모와 함께 의논해야 한다. 큰 싸움을 부르는, 목숨이 위험할 정도의 최악의 상황이 발생한 이후에는 너무 늦다.

어쨌든 괴롭힘을 당한다면 아이와 대화를 하면서 어떻게 해야 좋을지 생각하고 행동으로 옮겨야 한다. 우선 아이와 진지하게 대화를 나누어보도록 노력해야 한다. 아이가 괴롭힘을 당하고 있는데 일이 바쁘다는 이유로 미루는 태도는 잘못된 것이다. 설사 일을 쉬는 한이 있더라도 즉각적으로 대응해야 한다.

친구를 괴롭히고 있다는 사실을 알았을 때

괴롭힘은 나쁜 것이라는 사실을
스스로 깨닫게 한다.

●

✖ 부모 "친구를 괴롭히는 건 나쁜 거야!"
"○○(괴롭힘을 당하는 아이) 엄마에게 들었는데 네가 ○○를 괴롭힌다면서?"

O 부모 (자연스럽게 이야기를 꺼낸다.) "○○가 요즘 학교에 나오지 않는 것 같네."

POINT

- 무조건 아이를 부정하지 말아야 한다. 그럴 경우, 아이는 자신이 나쁜 짓을 했다는 사실을 자각하지 못한다.
- 친구를 괴롭힌다는 것은 본인도 무엇인가 고민이 있다는 증거다.

이번에는 아이가 친구들을 괴롭히는 쪽이다. 이것은 어떤 의미에서 괴롭힘을 당하는 쪽보다 더 힘든 것일 수도 있다. 하지만 일단 사실을 그대로 받아들이고 확실하게 대화를 나누어본다.

이 경우의 최종 목표는 괴롭힘은 나쁜 것, 비겁한 것이라는 사실을 본인이 깨닫도록 하는 것이다. 그리고 "이제 친구를 괴롭히는 행동은 하지 말아야지." 하고 스스로 정하게 하는 것이다.

"친구를 괴롭히는 건 나쁜 거야!"

이런 말을 한다고 괴롭히는 행동을 당장 그치지는 않는다. 설사 그친다고 해도 얼마 후 다시 괴롭힐 가능성이 높다. 또 본인은 친구를 괴롭히고 있다는 자각이 전혀 없거나 그런 행동이 잘못된 것이라고 생각하지 않는 경우도 있다. 그러니까 아이가 스스로 깨달을 수 있도록 방향을 잡아주어야 한다.

우선 어떤 상황인지부터 확인해야 한다.

부모 "○○는 잘 있니?"

아이 "몰라."

부모 "그래? 하지만 학교를 자주 안 나오는 것 같던데, 혹시 무슨 말 들은 거 없어?"

아이 "그 녀석, 재수 없어. 굼벵이야. 친구들이 다 그렇게 말해."

부모 "친구들이? 그게 누군데? 너도 그렇게 말했어?"

아이 "아니, 나는 그런 말은 안 했어."

부모 "그럼 언제부터 친구들이 ○○를 그렇게 말해온 걸까?"

이처럼 '무엇을, 어디에서, 누가, 언제 어떻게'를 이용하여 상황을 분명하게 확인한다. 처음부터 무조건 결정을 내리듯 "너, ○○를 괴롭힌다면서?", "친구를 괴롭히는 짓은 하면 안 돼."라고 말해서는 안 된다. 본인은 아무런 자각이 없는 경우도 많기 때문이다.

"엄마는 너를 정말 사랑해. 하지만 엄마는 친구를 괴롭히는 아이는 싫어."

이렇게 아이를 일단 인정해준 뒤에 괴롭힘은 나쁘다는 사실을 알려주면 된다.

괴롭히는 수준이 심한 경우에는 눈물을 보이면서,

"엄마가 ○○라면 정말 슬프겠다!"

"엄마가 ○○라면 가슴이 너무 아플 거야!"

라고 상대의 입장이나 마음, 상황을 깨닫게 하는 말을 해준다. 그렇게 하면 아이는 "엄마를 울게 했어.", "엄마를 가슴 아프게 했어."라고 자각하게 된다.

괴롭히는 아이의 마음도 상처받고 있다

괴롭힘은 상대를 불행에 빠뜨려 불행한 자신의 행복 수준을 높이려는, 다른 사람을 불행하게 만드는 방법을 통하여 불행한 자신을 위로하려는 행위다. 따라서 괴롭히고 있는 아이 자신이 불행하다는, 즉 만족감을 얻지 못하고 있다는 증거이기도 하다.

"우리 딸아이가 친구를 괴롭히는 아이가 되어버렸어요."

이런 상담을 해오는 경우가 있다. 그 엄마는 아들만 귀여워하고 딸에게는 "누나이면서 왜 그런 행동을 해?", "너는 정말 문제가 많아!"라는 식으로 부정하는 말만 해왔다. 나를 찾아와 상담을 할 때도 "그 아이는 정말 문제가 많아요.", "그 아이 때문에 힘들어요."라고 부정적인 말만 했다.

이런 말을 지속적으로 듣는다면 아이는 당연히 고독감에 빠질 것이다. 그리고 누군가를 상처 입히는 방법으로 자신의 고독감을 해소하게 된다. 이것은 자연스러운 흐름이다.

일단 아이를 대하는 자신의 태도나 말을 되돌아보자.

- 동생을 특별히 귀여워한다.
- 얼마 전에 태어난 갓난아이를 돌보느라 큰아이에게 미처 신경을 못 쓰고 있다.

- 일이 바빠서 함께 시간을 보낼 여유가 없다.

부모는 자각하지 못하고 있더라도 이런 상황이 이어지고 있다면 위험 신호다. 따라서 아이와 단둘이 대화를 나누거나 함께 보내는 시간을 만들어야 한다. 시간의 양이 중요한 것이 아니다. 단둘이 보내는 최고의 시간, 즉 질이 중요하다. 아이가 자신의 생활에 만족하면 친구를 괴롭히는 행동은 하지 않을 것이다.

방관하는 것도 괴롭힘이다

적극적으로 친구를 괴롭히지 않더라도 '단순히 지켜보는 것'도 괴롭힘에 동조하는 것이라고 말해주자.

"엄마는 친구가 괴롭힘을 당하고 있는데 그냥 지켜보기만 하는 것도 결국 그 친구를 괴롭히는 것이라고 생각해."

"친구를 괴롭히는 사람보다 그걸 그냥 지켜보는 사람이 더 나쁜 거야. 만약 용기가 있다면 친구를 괴롭히는 친구에게 그만하라고 말해야 한다고 생각해."

이런 말을 해주는 것이 바람직하다.

장래의 꿈을 물어보고 싶을 때

부모 마음대로 기대하고
실망하는 태도는 의미가 없다.

× 부모 "다음에 커서 뭐가 되고 싶니?"

아이 "특별히 없는데…."

부모 "그래? 실망인데…."

O 아이 "특별히 없는데…."

부모 "그래? 그럼 한번 생각해보자. 아빠는 어렸을 때…."

POINT

- '없다'고 말하더라도 실망하지 말아야 한다. 부모의 마음대로 기대하지 말 것!
- 장래의 꿈에 흥미를 가질 수 있도록 이야기해본다.

아이에게 장래의 꿈에 관하여 물어보자. "특별히 없는데…."라고 대답하더라도 실망해서는 안 된다. 부모 마음대로 기대하고 실망하는 태도는 의미가 없다. '왜 이렇게 패기가 없어!'라고 생각하는 것 역시 부모의 독선적인 태도다. 장래의 꿈은 시간이 지나면 자연스럽게 싹튼다. 따라서 초조해하지 말고 조용히 지켜보면 된다.

하지만 장래의 꿈이 명확할수록 강한 아이로 자라는 것 또한 사실이다. 힘든 일이 있더라도 장래의 꿈 때문에 참고 노력하는 아이로 자라기 때문이다. 그런 아이가 될 수 있도록 장래의 꿈에 흥미를 가질 수 있는 말을 해준다. 아이가 열심히 노력하는 부분이 있다면 적극적으로 말을 건넨다.

"이야, 우리 ○○는 그림을 정말 잘 그리는구나!"
"○○가 연주하는 피아노는 음색이 너무 아름다워!"
"달리기를 이렇게 잘할 정도면 운동신경이 대단하다는 거야!"
"장래에 축구 선수가 되려나…?"
"○○가 만드는 과자는 정말 맛있어."

이렇게 아이가 무엇을 잘하는지 느낄 수 있는 말을 해주는 것이다. 어떤 친구는 초등학교 1학년 국어 시간에 글짓기를 했는데, 선생님과 친구들에게 큰 칭찬을 받았다고 한다. "○○의 글은 정말 재미있어.", "다음 내용이 무엇인지 궁금해!", "어떻게 하면 그렇게 글을 잘 쓸 수 있지?" 이런 말들이 '나는 글을 정말 잘 쓰나 보다.' 하는 생각을 가지게 만들었고, 지금은 작가로 활약하고 있다.

일과 관련된 이야기를 해본다

평소에 아빠, 엄마의 일과 관련된 이야기를 하는 것도 좋은 방법이다. 아이는 부모가 무슨 일을 하고 있는지 흥미를 느낀다. 따라서 그 일의 장점을 자주 이야기하도록 한다.

'아빠는 대단한 일을 하고 있어.', '엄마는 정말 멋있어!' 라고 생각하면 자신의 꿈도 부풀어 오른다. 가끔 일을 집으로 가지고 와서 처리하는 모습을 보여주는 것도 좋은 방법이다.

반대로 실패에 대한 경험을 들려주는 방법도 도움이 된다. 그런 이야기를 들으면 아이는 '아빠도 야단을 맞을 때가 있구나. 나도 노력해야지.' 하고 생각하게 된다.

날마다 부모가 출퇴근을 하지만 무슨 일을 하고 있는지 아이는 알 수 없다. 부모가 자신의 일과 사회생활에 관해서 이야기해준다면 아이에게는 잊을 수 없는 소중한 시간이 될 것이다.

이혼 사실을 전해야 할 때

새로운 출발이라는 긍정적 메시지를 전한다.

✕ 부모 "너 때문에 이혼하는 거야."
"아빠(엄마)가 우리를 버린 거야."

○ 부모 "아빠하고 엄마가 진지하게 의논을 해보았는데 따로 떨어져서 살기로 했어."
아이 "…."
부모 "이건 절대로 너 때문이 아냐."

POINT

- '너 때문에'라는 말은 가장 나쁜 말이다. 원인이 아이는 아니라는 사실을 강조한다.
- '이혼은 새로운 출발'이라고 긍정적으로 전달한다.

아이에게 이혼 사실을 전하는 일은 정말 어렵다. 왜냐하면 부모 자신이 이미 감정적인 상태에 놓여 있거나 신경질적인 상태에 놓여 있기 때문이다. 아이는 그런 사실들을 민감하게 감지한다. 따라서 고통스럽겠지만 아이에게 전할 때에는 냉정하게, 그리고 애정을 담아서 전해야 한다.

포인트는 이혼을 하는 이유가 아이 때문은 아니라는 점을 강조하는 것이다. 또 상대 탓을 하는 것도 금물이다. 아무리 실망한 상대라고 해도 아이에게는 부모 중 한 명이다. 그 부모를 부정한다는 것은 아이로 하여금 자신의 몸에 나쁜 사람의 피가 흐르고 있다고 생각하게 만들어 고통을 안겨준다. 따라서 앞으로도 부모와 자식 간의 신뢰 관계를 계속 유지할 수 있도록 이야기해야 한다.

또 부모가 의논해서 결정한 문제라고 말하는 것 역시 포인트다. 아이의 나이에 따라서는 가족 전원이 의논해서 결정을 내리는 것이 가장 바람직한 방법이다.

"이렇게 된 건 너 때문이 아냐."

"아빠와 엄마가 서로 의논을 해서 결정한 거야."

"아빠와 엄마가 따로 살아도 너에 대한 사랑은 변함없어."

아이의 눈을 바라보면서 이런 말을 확실하게 전해야 한다.

그리고 이혼은 결코 부정적인 것이 아니라 지금보다 나은 상태로 생활하기 위한 수단이라는 사실도 아이가 납득할 수 있도록 설명해주어야 한다.

"너 때문에 이혼하는 거야."라는 말은 최악이다. 애당초 '너 때문에', '너를 위해서'는 부모가 아이에게 가장 해서는 안 되는 말이다. "공부 좀 해. 너를 위해서 하는 말이야.",

"엄마는 너 때문에 일을 그만둔 거야." 같은 말을 들으면 아이는 부담을 느끼고 스스로를 낮게 평가한다. 이런 말들은 결국 부모가 책임을 전가하기 위한 수단에 지나지 않는다.

가정 폭력 문제로 상담이 들어오는 경우가 있다. 만약 배우자가 아이에게 폭력을 휘두른다면 최선을 다해서 말려야 한다. 그리고 신변의 위협을 느낀다면 일단 피해야 한다. 아이가 "아빠는 왜 나를 때려?"라고 묻는다면 "너는 나쁜 게 아냐. 엄마는 너를 사랑해."라고 말해준다. 아이는 자신이 나쁜 아이라서 맞는다고 생각하기 때문이다.

거처를 옮기거나 할 때 행동으로 옮기기 전에 아이와 의논을 하는 것도 좋은 방법이다.

부모 "엄마는 할머니 댁에 가 있는 게 좋다고 생각하는데 너는 어떻게 생각하니?"
아이 "응. 나도 그게 좋다고 생각해."

이렇게 되면 아이는 '끌려갔다'고 생각하지 않고 자신이 자진해서 할머니 댁으로 가는 것이라고 생각하기 때문에 상황을 이해하려고 노력한다. 부모 자신도 스스로 결정하고 어떻게 살아갈 것인지를 선택해야 한다.

아기는 어떻게 태어나는지 물었을 때

아이가 몇 살이든 사실을 말해주어야 한다

✕ 아이 "아기는 어디에서 나오는 거야?"

부모 "배 속에서 나왔지."

"아직 몰라도 돼!"

○ 아이 "아기는 어디에서 나오는 거야?"

부모 "생명의 문에서 나오는 거야."

아이 "생명의 문이 어디에 있어?"

부모 "소변을 보는 문과 항문 사이에 있어."

POINT

- 아이가 몇 살이든 진지하게 대답해준다.
- 얼버무리거나 부끄러워하지 않는다.

"아기는 어디에서 나오는 거야?"

다섯 살까지 약 80%의 아이가 이 질문을 던진다. 아이가 몇 살이든 사실을 이야기해주어야 한다.

"황새가 물어다 주는 거야."

"너는 아직 몰라도 돼!"

"그런 건 물어보는 거 아냐."

"다리 밑에서 주워왔지."

"배 속에서 나오는 거야."

이런 식으로 대답하는 엄마, 아빠들이 정말 많다. 하지만 이것은 오답이다. 성교육은 바꾸어 말하면 생명과 관련된 교육이다. 아이가 이런 질문을 던지면 그 타이밍을 놓치지 말고 숨김없이 사실을 말해주어야 한다.

부모가 부끄러워하거나 얼버무리거나 당황하면, 아이는 "이런 건 엄마에게 물어보면 안 되는구나…." 하고 민감하게 받아들여 다음부터는 그와 관련된 아무런 말도 하지 않게 된다.

그럴 경우, 초등학교 고학년이나 중학생이 되었을 때 처음 성인 사이트나 동영상으로 상품화된 그릇된 성 정보를 접하고 잘못된 지식을 갖추게 될 우려가 있다. 부모로서는 매우 가슴 아픈 일이다.

"아기는 어디에서 나오는 거야?"라는 질문을 받는다면 밝게 미소를 지어 보이고 눈높이를 맞춘 뒤 진실을 이야기해준다. "지금 바빠, 나중에!"라는 식으로 대하면 안 된다.

아이 "아기는 어디에서 나오는 거야?"

부모 "생명의 문에서 나오는 거야."

아이 "생명의 문이 어디에 있어?"

부모 "소변을 보는 문과 항문 사이에 있어."

아이 "아, 그렇구나."

부모 "응. 아기는 사람들의 보호를 받으면서 자신의 힘으로 세상에 나오는 거야."

성교육 전문가에 따라서는 정식 명칭도 분명하게 가르쳐주어야 한다고 말하는 사람이 있다. 나는 그보다는 우선 아이가 알고 싶은 부분에 관하여 아이가 이해할 수 있는 어휘를 사용해서 진지하게 대답해주는 것이 바람직하다고 생각한다.

① 자신이 어디에서 어떻게 태어났는가 하는 아이덴티티를 이해할 수 있도록 이야기할 것
② 엄마에게 물어보면 숨김없이 사실을 가르쳐준다는 신뢰감을 얻을 수 있도록 이야기할 것

이 두 가지를 명심하고 실제로 아이가 태어났을 때의 상황들을 설명해준다.

"엄마 딸(아들)로 태어나줘서 정말 고마워. 네가 태어났을 때 엄마, 아빠는 정말 행복했어."

"아빠와 엄마가 너를 얼마나 기다렸는지…. 네가 태어났을 때는 너무 기뻐서 둘이 끌어안고 엉엉 울 정도였어."

그리고 이야기를 계속한다.

"너도 앞으로 계속 자라면 아기를 낳을 수 있는 몸이 될 거야. 그러니까 네 몸을 소중하게 생각해야 돼. 다른 사람들이 함부로 만지게 하거나 보여주면 안 되는 거야."

이런 식이다. 자신을 소중하게 생각하고 상대를 사랑할 수 있는, 그래서 엄마, 아빠처럼 아기를 행복하게 낳고 기를 수 있는 사람이 되어야 한다는 점을 가르쳐주는 것이 부모로서의 역할이다. 우선 축복을 받으며 태어났다는 사실을 말로 분명하게 전해주자.

성교육은 아직 이르다고 여겨 피해서는 안 된다. 진실을 진지하게 알려주는 것이 바람직한 태도다. 제왕절개를 한 경우에는 배를 보여주면서 이야기하는 것도 나쁘지 않다. 단, 생명의 문이 있다는 사실도 분명하게 알려주어야 한다.

한 번 타이밍을 놓쳤다면

가끔 "선생님! 우리는 아이가 그런 질문을 했을 때 설명해줄 기회를 놓쳐버렸어요. 이런 경우에는 어떻게 해야지요?"라고 상담해오는 부모가 있다.

그러면 TV를 시청할 때 출산 장면이나 누군가 아기를 낳았다는 이야기를 듣게 되었을 때 아이가 궁금해하면 "그러고 보니 네가 태어났을 때는…." 하고 자연스럽게 이야기를 꺼내는 것이 좋다.

물론 "아기는 어디에서 나오는 거야?"라는 질문을 하지 않는 아이도 있다. 그럴 경우에는 엄마의 생리를 본 타이밍이나 생명 탄생과 관련 있는 화제가 나온 타이밍에 이야기를 해주자. 아이가 처음 접하는 성에 대한 정보가 성인 사이트나 동영상이 되어서는 안 된다.

생리나 몽정에 관해 말해줄 때

구체적인 명칭을 사용해서
설명해주는 것이 바람직하다.

✕ 아이 "엄마 왜 그래? 왜 피가 나와?"
부모 "아파서 그래."

○ 아이 "엄마 왜 그래? 왜 피가 나와?"
부모 "이건 생리라는 거야. 아파서 그러는 거 아니니까 걱정하지 않아도 돼."

POINT

- 얼버무리거나 부끄러워하지 않는다. 분명하게 사실을 이야기해준다.
- 학교의 성교육에 의지하지 않는다.

아이가 열 살 정도가 되면 "나는 엄마가 낳았는데 왜 아빠를 닮았어?" 하고 부모에게 물어보는 경우가 있다. 생명의 문 이야기에서 한 걸음 더 나아간 이야기가 필요해지는 시점이다.

과학 수업을 통해서 식물의 생식기관인 암꽃술이나 수꽃

술의 구조는 배웠을 것이다. 인간에게도 그런 구조가 존재한다는 사실을 설명해주자.

초등학교 4학년 이상이 되면 성교육 시간 등을 통해서 배우는 경우도 있기 때문에 구체적인 명칭을 사용해서 설명해주는 것이 바람직하다.

"남자에게는 음경이라는 것이 있어. 여자에게는 생명의 문, 즉 질이라는 게 있고. 여자의 질이라는 생명의 문으로 남자의 음경이 들어가면 아빠에게서 정자라는 게 나와서 엄마의 몸에 있는 난자를 만나는 거야. 둘이 만나는 걸 수정이라고 하는데 수정이 되면 아기가 만들어지는 거야. 정자는 2억 개나 되는데 그중의 하나만 난자하고 만날 수 있어. 그러니까 너는 정말 소중한 사람이지. 그래서 너는 아빠를 닮은 거야."

이런 식으로 말해준다.

아이는 부모의 말을 진지하게 듣고 이해할 것이다. 만약 '생명의 문'과 관련된 이야기를 해주지 않은 경우라면 이 타이밍을 놓치지 말고 아이가 태어났을 때의 즐겁고 행복했던 이야기, 생명을 잉태할 수 있는(잉태하게 하는) 자신의 몸을 소중하게 지켜야 한다는 이야기 등을 진지하게 설명해주면 된다.

중요한 것은 아이가 알고 싶은 점에 관하여 애정을 담아서 진지하게 대답해주어야 한다는 것이다.

생리와 관련된 이야기를 할 때

여자의 생리는 빠르면 초등학교 4학년 정도부터, 늦으면 중학생 때 찾아온다. 이때 생리에 관해 분명하게 이야기해준다.

- 아기를 낳기 위한 준비를 시작했다는 것
- 매달 찾아온다는 것
- 경우에 따라서는 통증이 느껴질 수 있다는 것
- 생리대를 사용해야 한다는 것

그리고 당황하지 않도록 "팬티에 피가 묻어 있으면 엄마에게 말해주어야 해.", "생리를 하게 되면 생리대를 사용해야 하니까 사용 방법을 가르쳐줄게." 하고 미리 말해두거나 함께 생리대를 구입하는 식으로 준비해두는 것도 좋은 방법이다.

그리고 본격적으로 생리를 시작하면, “축하한다! 이제 어른이 되었네!” 하고 아빠와 엄마가 함께 아이의 생리를 환영해주도록 한다.

몽정과 관련된 이야기를 할 때

남자아이가 팬티를 내놓지 않으려 하거나 팬티가 부족하다고 더 사달라고 한다. 이런 일이 있으면 몽정이 있었을지도 모른다.

실제로 침대 밑에서 대량의 팬티를 발견했다는 이야기도 들을 수 있다. 아이는 공황 상태에 빠져 어떻게 대처해야 할지 몰라 당황하고 있을지도 모른다. 따라서 미리 자연스럽게 설명을 해주는 것이 바람직하다.

“남자의 몸에 변화가 찾아오는 시기가 있어. 만약 팬티가 더러워졌다면 그대로 세탁기에 넣지 말고 한 번 빨아서 넣으면 돼.”

이런 식으로 말해준다.

설명을 해주는 시점에서는 제대로 이해하지 못할 수도 있지만 실제로 그런 일이 발생하게 되었을 경우, 크게 당황하지는 않을 것이다.

그리고 만약 몽정을 했다는 사실을 이야기하면, "그래? 그건 남자가 되었다는 증거야! 축하해!" 하고 축하해주도록 한다.

마치고 나서

딸아이가 처음으로 한 말은 "아빠!"였다. 기뻐서 어쩔 줄 모르던 남편의 얼굴을 잊을 수 없다! 내가 매일 딸에게 "아빠가….", "아빠가…." 하고 말했기 때문일 것이다.

그리고 말이 조금 더 늘었을 때 아이가 "엄마, 너무 귀여워."라는 말을 했다. 생각해보니 그동안 입버릇처럼 "우리 딸, 너무 귀여워."라고 말했던 내 말투와 똑같았다.

아이의 말은 부모의 거울이다. 말을 통해서 아이가 어떻게 달라지는지 알게 된 순간이었다.

말은 상대에게 전달되었을 때 비로소 의미를 지닌다. 그 말을 아이가 어떻게 받아들일지 아이의 입장이 되어 생각해보는 중요함을 많은 엄마들과 함께 생각하고 고민했다. 그리고 수많은 아이들을 통해서 배웠다.

부모와 아이의 커뮤니케이션은 모든 사람과의 대화의 기초다. 육아를 위해 분투한 만큼 부모와 아이는 커뮤니케이션의 달인이 되어 있을 것이다.

그리고 육아가 부모의 뜻대로 이루어지지 않더라도 아이

가 크게 성장했다는 사실을 깨닫게 되는 날은 반드시 찾아온다. 그것이야말로 육아에서 얻을 수 있는 가장 큰 행복이 아닐까?

아이의 능력을 믿고 인정하고 지켜보자. 수십 년 후의 세상을 지탱하게 될 아이를 키운다는 것은 미래를 키우는 것이나 마찬가지다. 긍지를 가지고 "지금 이 순간을 아이와 함께 마음껏 즐기자!"라는 마음으로 육아를 한다면, 그것은 결국 부모의 행복으로 이어질 것이다.

아마노 히카리

추천사

아이를 진심으로 응원하는 책

'역시 히카리 씨!'라고 감탄하게 만드는 내용이 가득 채워진 책으로, 무엇보다 그가 아나운서 출신이라는 점이 장점으로 작용하고 있다. 아나운서는 자신이 이런저런 이야기를 하는 것이 아니라 어떻게 해야 상대가 편안한 마음으로 이야기하도록 유도할 수 있는지 그 방법을 훈련한다. 그 점은 부모와 자녀의 대화에서도 마찬가지라는 사실을 깨닫게 하는 부분들이 눈에 띈다.

이 책의 내용은 탁상공론이 아니라 그가 자신의 자녀들과 씨름을 하면서 발견한 것들이다. 이 부분이 정말 강한 설득력을 갖고 있다. 단순한 이상론이 아니다. 따라서 이 책에서는 누구나 할 수 있다고 생각하게 만드는 신비한 힘이 느껴진다.

무엇보다 책의 내용이 모두 육아에 도움이 되는가, 그렇지 않은가 하는 관점으로 관철되어 있다는 점이 대단하다. 가령 '그런 식으로 말하면 당신의 아이는 어떻게 생각할까?' 하는 관점으로 모든 것을 설명하고 있는 것이다. 게다가 부모들이 무리라고 받아들일 만한 내용은 하나도 씌어 있지 않다.

아이를 진심으로 응원하는 책이기도 하다.

이 책은 틀림없이 자녀 문제 때문에 고민하고 있는 수많은 부모들을 '구원해주는 책'이 될 것이다.

시오미 도시유키

아이의 말문을 여는 엄마의 질문

말 쫌 통하는 엄마

초판 1쇄 발행 2020년 1월 13일
초판 2쇄 발행 2020년 4월 2일

지은이 | 아마노 히카리
감수 | 시오미 도시유키
옮긴이 | 이정환
펴낸이 | 한순 이희섭
펴낸곳 | (주)도서출판 나무생각
편집 | 양미애 백모란
디자인 | 박민선
마케팅 | 이재석
출판등록 | 1999년 8월 19일 제1999-000112호
주소 | 서울특별시 마포구 월드컵로 70-4(서교동) 1F
전화 | 02)334-3339, 3308, 3361
팩스 | 02)334-3318
이메일 | tree3339@hanmail.net
홈페이지 | www.namubook.co.kr
블로그 | blog.naver.com/tree3339

ISBN 979-11-6218-085-3 13590

값은 뒤표지에 있습니다.
잘못된 책은 바꿔 드립니다.

이 도서의 국립중앙도서관 출판예정도서목록(CIP)은 서지정보유통지원시스템 홈페이지(http://seoji.nl.go.kr)와 국가자료공동목록시스템(http://www.nl.go.kr/kolisnet)에서 이용하실 수 있습니다. (CIP제어번호: CIP2019050736)